I0060477

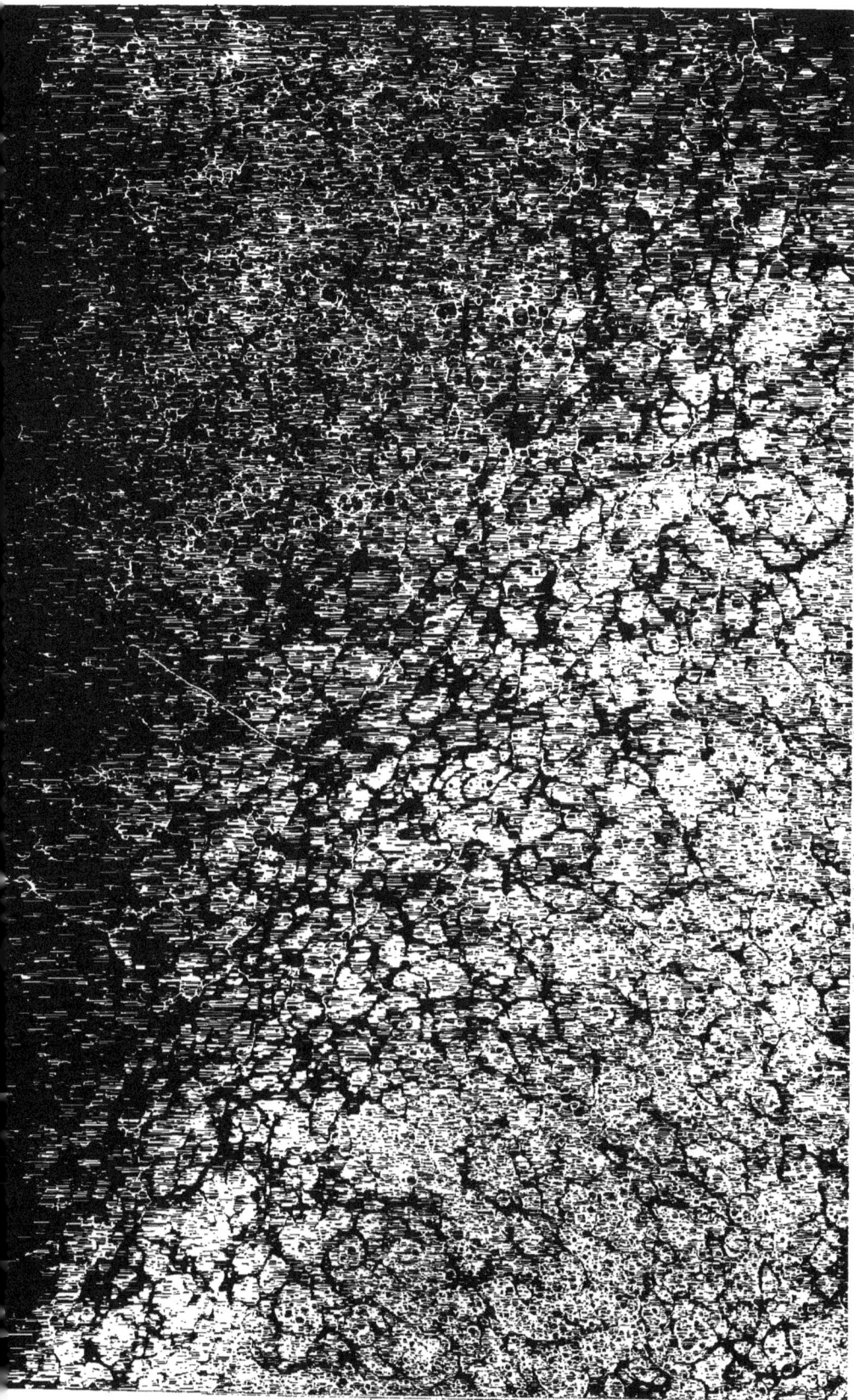

14867

OMNIMÈTRE.

BREVET D'INVENTION.

(Sans garantie du Gouvernement.)

———◆◆◆◆◆◆———

OMNIMÈTRE

ou

INSTRUMENT AU MOYEN DUQUEL ON PEUT MESURER LES HAUTEURS ET LES CIRCONFÉRENCES DES ARBRES SUR PIED,

accompagné

DE TABLES A SON USAGE, AINSI QUE DES TABLES DE CUBAGES AU CINQUIÈME RÉDUIT ET AU QUART, SANS DÉDUCTION, AVEC LA COMPARAISON DE CES CUBAGES AU VOLUME DE BOIS FAÇONNÉ.

PUBLIÉ PAR

M. GENCE,

attaché à l'exploitation des forêts de la Compagnie des Forges d'Audincourt et dépendances.

———

$$PRIX \ldots\ldots \begin{cases} \textit{de l'Instrument} \ldots\ldots \\ \textit{de l'Instruction} \ldots\ldots \end{cases}$$

———

SE TROUVE,

Chez l'Auteur, aux Forges de Belfort, (Haut-Rhin).

1846.

1847

Extrait de la loi du 5 juillet 1844.

Les Brevets sont *tous* sans garantie du Gouvernement.

Art. 33 de cette loi.

Quiconque, dans des enseignes, annonces, prospectus, affiches, marques et estampilles, prendra la qualité de breveté sans posséder un brevet délivré conformément aux lois, ou après l'expiration d'un brevet antérieur ; ou qui, étant breveté, mentionnera sa qualité de breveté ou son brevet sans y ajouter ces mots, *sans garantie du Gouvernement*, sera puni d'une amende de cinquante francs à mille francs.

En cas de récidive, l'amende pourra être portée au double.

Les exemplaires qui ne porteraient pas la signature de l'auteur, de même que son poinçon sur les instruments, seront réputés contrefaits et poursuivis en vertu des lois.

Tout individu qui signalera des contrefacteurs ou débitants du présent Ouvrage ou des Instruments, recevra la moitié de l'amende que les tribunaux prononceront, et le secret de sa déclaration lui sera gardé.

Signature de l'Inventeur.   **Poinçon de l'Inventeur.**

TABLE DES MATIÈRES.

Fin de la Table.

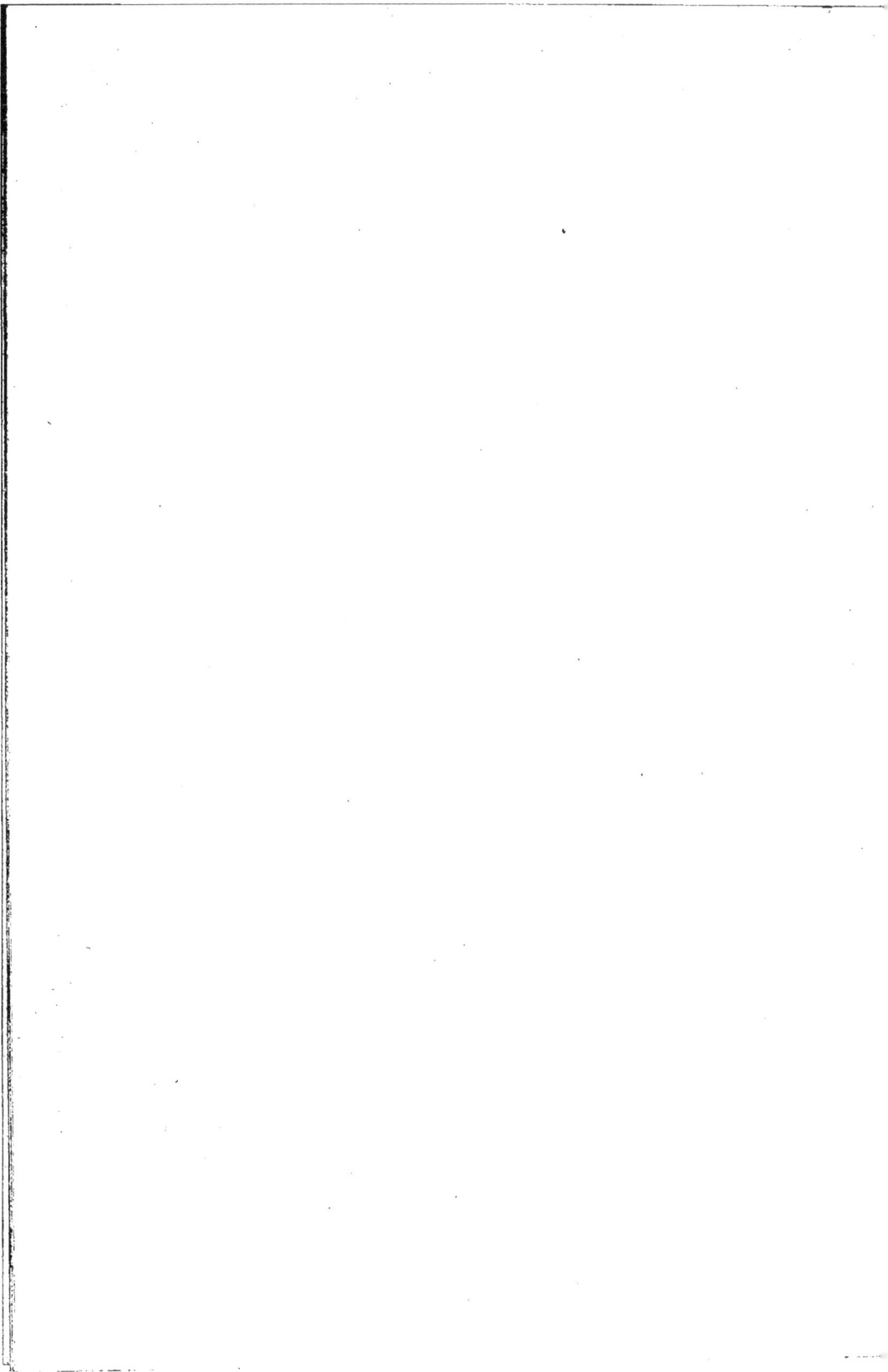

INTRODUCTION.

De l'Omnimètre et de ses avantages.

Au point de vue où l'instrument dit *Omnimètre* a été confectionné, toutes les personnes qui s'occupent des forêts, trouveront un moyen sûr et facile d'obtenir les dimensions des arbres quelles qu'elles soient. Des calculs certains ont servi de base à la confection de cet Instrument aussi simple que facile.

De cette manière on n'aura plus à évaluer approximativement les hauteurs et les circonférences : on les obtiendra avec une grande précision.

L'*Omnimètre* est peu volumineux : il a vingt centimètres de diamètre. On peut mesurer, avec son aide, plus d'arbres sur pied, dans un temps donné, que si ces arbres étaient abattus.

L'Inventeur en a fait l'expérience pendant l'année 1845 ; il s'est assuré de nouveau, par ces expériences, que sa découverte réunissait toutes les conditions voulues ; et toutes les personnes qui en feront usage, reconnaîtront son incontestable utilité.

Au reste, chacun peut se servir de cet instrument; il exige peu de savoir : tel qui ne saurait que lire les chiffres, pourrait s'en servir aussi sûrement que tel plus instruit.

On obtient les hauteurs jusqu'à **40** mètres, ce qui est plus que suffisant. Si l'on désirait mesurer quelque chose de plus élevé, on n'aurait qu'à doubler la base; alors on obtiendrait le double, en hauteur.

On a les circonférences, depuis les plus petites jusqu'aux plus grandes, et à un ou deux centimètres près.

Pour former les divisions de l'Instrument, dans la partie qui mesure les hauteurs, on a cherché tous les angles présentés de demi en demi mètre de haut, jusqu'à **40** mètres.

C'est la base de dix mètres qui a été adoptée pour cet instrument; cette base étant invariable, on comprend que plus on voudra mesurer une circonférence à un point élevé, plus la nouvelle base qui part de l'Instrument pour aboutir au point où l'on veut mesurer cette circonférence, plus cette nouvelle base, dis-je, deviendra grande. Aussi, on verra dans le tarif, le même angle donner des circonférences plus grandes, à mesure que l'élévation se développe.

DU TARIF

de cubage au cinquième réduit, et au quart sans déduction; et moyens de convertir ces cubages en mesurage des bois ronds, et en anciennes mesures ou pieds et pouces métriques.

Le tarif commence par dix centimètres de circonférence, continue de centimètre en centimètre jusqu'à 3 m. 10 c. La première et la dernière colonne verticale indiquent les hauteurs. La première colonne supérieure horizontale, exprime les circonférences en centimètres et en gros chiffres; c'est celle dont on se sert pour le cubage au *cinquième réduit*; la colonne immédiate donne l'équarrissage des bois en petits chiffres, dont le dernier, à droite, exprime des millimètres, et ceux à gauche des centimètres et décimètres; la troisième colonne indique, en chiffres moyens, les circonférences du cubage au *quart sans déduction*, ou au quart de la circonférence (*)

Veut-on, par exemple, avoir le cube au *cinquième réduit* d'une pièce de bois de 1 m. 60 c. de circonférence sur 8 m. de longueur? On cherchera à la colonne supérieure 1 m. 60 c., et descendant à 8 m., on verra le cube 0 stère 82 centistères.

Pour avoir le cubage de la même pièce au *quart sans déduction*, on cherchera dans la troisième colonne horizontale, la circonférence 1 m. 60 c., et à 8 m. de longueur répond le cube de 1 stère 28 centistères.

S'il arrivait que l'on eût une pièce de bois écorcé et sans aubier comme le sapin, par exemple, et que l'on désirât avoir l'équarrissage de cet arbre, de manière à ce que les arrêtes soient à fleur de la circonférence, on obtiendrait cet équarrissage, à peu de chose près, en prenant la moyenne entre l'équarrissage au 1|5ᵉ réduit et l'équarrissage au quart sans déduction. Exemple : un arbre de 3 m. de tour donne, au 1|5ᵉ, un équarrissage de. . . . . 0 m. 60 c.

Le même arbre au 1|4 sans déduction, donne . . 0 75

Total, 1 m. 35 c.

dont moitié donne 0 m. 67 c. 1/2 pour l'équarrissage demandé.

(*) Le cubage au *sixième réduit* étant peu employé, on a pensé ne pas devoir lui consacrer une colonne spéciale; si, cependant on voulait s'en servir, on emploierait le mode suivant : prendre le 1|6ᵉ de la circonférence, le déduire de cette même circonférence, et prendre le quart du reste pour l'équarrissage de la pièce de bois.

Exemple : une circonférence de 1 m. 56 c. dont on ôte le 1|6ᵉ, ci 0 m. 26 c., reste 1 m. 30 c. dont le quart est de 0 m. 22 c. à 0 m. 23 c. pour l'équarrissage demandé.

Si l'on veut convertir un certain nombre de stères cubés au 1|5ᵉ réduit en stères cubés au 1|6ᵉ, on multipliera ceux cubés au 1|5ᵉ par 1,085068, ou simplement par 1,085.

Si l'on désirait avoir le cube qu'un certain nombre de pièces de bois donnerait en mesurant de cette manière, on n'aurait qu'à faire le cube total au 1|5ᵉ *réduit*; multipliez ce cube par 1,2655, ou simplement par 1,27 et on aurait le cube demandé, à peu de chose près.

Pour convertir le stère et ses fractions en pieds cubes métriques, on multiplie le nombre de stères par 27 pour avoir des pieds; s'il y a une fraction on la multiplie par 12 pour avoir des pouces.

Exemple : 2 stères 85 centistères, ci

$$
\begin{array}{r}
2.\ 85 \\
27 \\
\hline
1995 \\
570 \\
\end{array}
$$

1ᵉʳ produit,   66. 95 ou 66 pieds

plus un reste 95, ci

$$
\begin{array}{r}
95 \\
12 \\
\end{array}
$$

2ᵉ produit,   11. 40   ou bien 11

pouces, plus un reste 40, avec lequel on obtiendrait des lignes, en les multipliant encore par 12.

Le résultat de l'opération demandée serait donc 66 pieds 11 pouces.

Pour obtenir le cubage d'un bois rond, on multiplie la circonférence par le quart du diamètre, et ensuite par la longueur de la bille. Cette opération est un peu longue; on l'évite en prenant le cubage au *cinquième réduit*, et en le doublant pour avoir le cubage du bois rond. Si l'on a plusieurs pièces, on totalise leurs cubes, et puis ensuite on double ce total.

Ce mode de procéder n'est pas d'une parfaite exactitude : pour l'avoir régulièrement, il faut multiplier le cube au *cinquième réduit*, d'un ou de plusieurs arbres, par 1,98944 ou simplement par 1,99.

Exemple : 88 stères 40 centistères au *cinquième*, donnent, d'après la proportion établie ci-haut, 175 st. 87. Ce calcul est également un peu long; pour l'abréger on peut doubler le cube au *cinquième*, ci 176 80, et retrancher de ce nombre 1 centistère par stère au *cinquième*, ci   » 88

$$
\text{Reste,} \qquad 175\ \text{st.}\ 92
$$

à 5 centistères près.

ÉVALUATION

du stère au cinquième réduit, en bois façonné.

Le point de départ du tarif de cubage, a été fixé à partir de 10 centimètres de circonférence, non dans l'intention de faire des cubages comme pour des arbres, mais bien pour évaluer les brins de taillis : ainsi, en voulant convertir en bois de chauffage un ou plusieurs de ces brins, on en prendra le cubage au *cinquième réduit*, que l'on multipliera par les nombres ci-bas, lesquels indiquent combien un stère au *cinquième* produit de bois de chauffage, en variant les résultats suivant la grosseur des perches. D'après les expériences faites et réitérées par l'Auteur.

Des brins de

10 à 15 centimètres de circonférence, pour 1 stère au 1[5ᵉ, donnent en bois de chauffage			3 st.	94	De 60 à 70	. . . .	3 st.	23
15	20	. . . . .	3	52	70	80	. . . .	3	21
20	25	. . . . .	3	32	80	90	. . . .	3	19
25	30	. . . . .	3	30	90	100	. . . .	3	16
30	40	. . . . .	3	29	100	120	. . . .	3	13
40	50	. . . . .	3	27	120	140	. . . .	3	10
50	60	. . . . .	3	25	140	160	. . . .	3	07
					160	180	. . . .	3	04
					180	200 et au-dessus		3	00

Il est à remarquer que les essais que l'Auteur a faits, ne comprennent que des brins ou arbres sans trop de nœuds : de sorte que si l'on faisait l'épreuve sur des bois courbes et noueux, on obtiendrait un peu plus. Les essais ont été faits avec des buches de 0 m. 70 centimètres de longueur.

Si l'on avait mesuré, dans un certain espace, dans un are, par exemple, 30 brins de 20 centimètres de circonférence moyenne, au milieu de la hauteur, que l'on aurait mesurée en moyenne à **7** mètres, on aurait au *cinquième*, un cube de **0** st. **336** ou en bois de chauffage . . **1** st. **12**

S'il y avait, dans le même are, **8** perches de **45** centimètres de circonférence, sur **9** mètres de longueur, on aurait le cube au *cinquième*, ci **0** st. **583**, et en bois de chauffage **1   91**
$$\overline{}$$
Total pour un are . . . . . **3** st. **03**

et un hectare pareillement peuplé donnerait **303** stères.

Si ces mesurages devaient servir de base à une estimation, ils devraient être faits avec soin, et reposer sur une étendue de plus d'un are, et répétés sur plusieurs points.

Dans le tarif de cubage, les produits sont à **4** décimales, jusqu'à **58** centimètres de circonférence; de **58** à **100**, ils sont à **3** décimales; et le reste à deux.

Pour employer moins de place, à partir de **100** ou d'un mètre de circonférence, on n'a placé le cube qu'aux nombres divisibles par **5**; mais les quatre petites colonnes, à droite, indiquent combien il faut ajouter au cube de ces nombres ronds.

Par exemple : si l'on veut savoir combien cube un arbre de **8** m. de longueur, sur **1** m. **27** de circonférence, on trouvera pour **1** m. **25**, ci **0** st. **50** c., et dans la seconde colonne, qui est celle qui représente **1** m **27**, on verra le nombre **2** qu'il faut ajouter à **0**, **50**, pour avoir le cube cherché **00** st. **52** c.

Autre exemple : un arbre de **12** mètres de longueur, ayant **2** m. **43** de tour, donne pour **2** m. **40**, ci **2** st. **82**, mais dans la colonne de **2** m. **43**, se trouve le nombre **7** qu'il faut ajouter au premier résultat, pour obtenir **2** st. **89** qui est le cube cherché.

Il en est de même des arbres ayant d'autres dimensions, ainsi que des autres cubages que celui au *cinquième réduit*.

DE L'OMNIMÈTRE.

Dispositions préliminaires.

Un demi-cercle de 20 centimètres de diamètre, posé dans un plan vertical, sur lequel sont marquées des divisions, et contre lequel tourne une aiguille indiquant ces divisions, constitue la partie qui mesure les hauteurs.

Sur le diamètre de ce demi-cercle, et suivant un plan qui lui est perpendiculaire, est placée une portion de cercle formant la partie qui sert au mesurage des circonférences.

On sait que pour l'abattage d'un arbre d'une certaine grosseur, on emploie de 30 à 40 centimètres du tronc, ce qui ne doit alors plus compter dans la longueur de la tige que, dans ce traité, nous appellerons *bille*.

L'*Omnimètre*, pour opérer, doit être fixé sur un pied ou bâton, fiché en terre ; ce pied aura de 1 m. 40 à 1 m. 50 de longueur. Déduction faite de la partie qui entre en terre et de celle employée pour l'abattage de l'arbre, il reste 1 mètre, ou à peu de chose près, pour l'élévation de l'Instrument par rapport à la longueur de la bille de l'arbre. Ce point convenu, on devra constamment ajouter 1 m. à toutes les hauteurs que l'omnimètre indiquera, sauf dans les cas dont il est parlé page 15.

Il a été adopté, pour les calculs qui ont servi aux divisions de l'Instrument, et à la confection du tarif donnant les circonférences, la base constante de 10 mètres. On devra donc se procurer une petite chaine, ou toute autre mesure ayant cette longueur.

DU MESURAGE

des hauteurs sur un terrain en plaine.

Voulant opérer sur un terrain en plaine, on se placera à 10 mètres du centre de l'arbre à mesurer : je dis 10 mètres à partir du centre de l'arbre, car cette condition est indispensable pour le mesurage des circonférences. On mesurera donc la base de A en B et non de *a* en *b*. Mais on aura soin de viser un peu plus bas que le point que l'on veut obtenir, afin d'avoir la hauteur B S; car en visant aussi haut que le point le paraît, on aurait la hauteur B *s*, qui serait un peu trop forte.

Ce point convenu, et étant placé à 10 mètres de l'arbre à mesurer, on fera incliner le diamètre de l'Instrument dans le sens du point dont on veut avoir la hauteur, en appliquant l'œil tout près de la pinule, où il y a un trou par lequel on devra apercevoir le point voulu, suivant une ligne ou rayon visuel, passant par le point de mire adapté à l'une des secondes pinules.

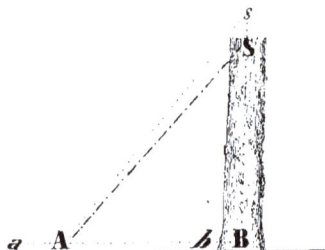

On a dit qu'il fallait mettre l'œil tout près de la pinule; car, en regardant d'un peu loin, on ne verrait rien.

Cette opération étant terminée, on observera l'aiguille contre le demi-cercle vertical, elle indiquera en mètres, la hauteur de l'arbre ; on ajoutera un mètre à cette hauteur, pour la longueur du bâton.

Ces hauteurs sont marquées sur le demi-cercle dont on vient de parler, par des divisions indiquant des mètres ; ces divisions sont elles-mêmes divisées par des traits plus courts, figurant les demi-mètres ; elles sont numérotées jusqu'à 10 mètres ; à partir de là, on a numéroté seulement de 5 en 5 mètres.

Les divisions devenant de plus en plus petites, à partir de 25 m., les demi n'existent plus, mais ils peuvent très-bien être appréciés.

Quand l'aiguille marque zéro, l'instrument est de niveau, et les points que l'on observera dans cette position, seront à la hauteur de l'Instrument.

S'il arrivait qu'un arbre ne fût pas d'apomb, et qu'il penchât en avant ou en arrière, il faudrait mesurer la base de A en B et non de *a* en *b*, comme pour l'exemple ci-contre. C'est-à-dire que l'on doit prendre la base de 10 mètres à partir de la projection du sommet de l'arbre (on veut dire du point dont on veut avoir la hauteur).

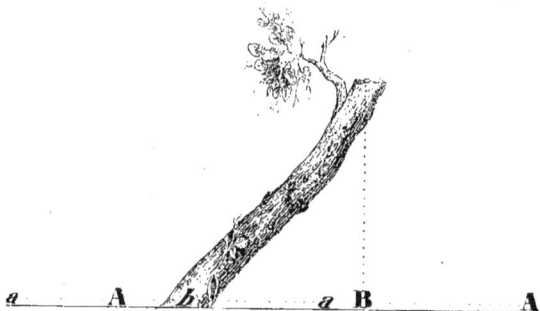

DU MESURAGE

des hauteurs, sur des terrains en pente.

Tout ce qui vient d'être dit suppose un terrain en plaine ; passons aux terrains en pente.

Il n'y a point de différence entre ce mesurage et celui dont il vient d'être parlé, si l'on peut se mettre en travers de la pente ; car, alors, on se trouve en plaine, par rapport à l'arbre à mesurer. Mais si quelqu'obstacle empêche de se placer ainsi, on est alors forcé de se mettre soit au-dessus, soit au-dessous de l'arbre, ou bien dans toute autre position. Dans ce dernier cas, on doit choisir le dessus de préférence. Dans ces positions la base de 10 mètres sera mesurée horizontalement, et non suivant la pente du terrain, car on ne serait pas éloigné de 10 mètres de l'arbre, et on obtiendrait des dimensions trop fortes.

Si la position où l'on se trouve, après avoir mesuré la base, comme il vient d'être dit, est plus élevée que le pied de l'arbre à mesurer, on cherchera combien cet arbre a de hauteur au-dessus de l'Instrument, et on en prendra note ; on ramènera le rayon visuel au pied de l'arbre (en ménageant toutefois pour l'abattage), et comme les divisions de l'instrument sont disposées des deux côtés, on verra quelle longueur de bille reste au-dessous pour être ajoutée au premier nombre obtenu, afin d'avoir la hauteur totale.

Si, au contraire, on est placé plus bas que l'arbre, après avoir pris la base de 10 mètres horizontalement, on mesurera la hauteur totale de la bille de cet arbre, par rapport à l'Instrument ; on ramènera le rayon visuel au pied de l'arbre (en ménageant pour l'abattage), si, alors, l'aiguille marque zéro il n'y aura rien à ajouter ou à retrancher de la hauteur que l'on a déjà trouvée ; mais si l'on obtient un mètre, plus ou moins, ce sera autant à distraire de la hauteur susdite.

Si l'inclinaison du terrain était peu de chose, que le pied du bâton fût plus bas, et l'Instrument plus élevé que le pied de l'arbre, il faudrait, alors, ajouter la petite fraction que l'on aurait obtenue. Ce serait, comme dans tous les cas où une seconde quantité *s'ajoute* à la première, à droite que l'aiguille indiquerait.

Il va sans dire que, dans ces derniers mesurages, on ne fait plus cas de la hauteur du bâton sur lequel est placé l'instrument.

Il faut lire les observations page 22, relativement au mesurage des circonférences dans ces cas.

Ces explications suffisent pour faire comprendre la manière de mesurer la hauteur des arbres, à l'aide de l'*Omnimètre*. Il importe de nous occuper du mesurage
de leur circonférence.

MANIÈRE

de mesurer les circonférences et de se servir du tarif à cet effet.

De prime-abord, on se figure que le mesurage des circonférences est difficile :
il ne diffère pourtant du mesurage des hauteurs, qu'en ce que l'on a pas les circonférences écrites sur l'instrument, et qu'il faut recourir au tarif qui suit.

Comme chacun n'est pas initié aux calculs de géométrie, et qu'il faut que *tous*
puissent se servir de l'instrument, il est indispensable d'entrer dans quelques détails
explicatifs en ce qui regarde le sujet en question.

On a supposé, pour les instruments de géométrie, toute circonférence ou cercle, de quelque grandeur qu'il soit, divisé en 360 parties égales que l'on nomme
degrés ; tous ces degrés sont supposés être divisés chacun en 60 parties égales que
l'on appelle minutes. On voit, sur les instruments dont on se sert en arpentage,
les cercles divisés en degrés, mais ceux-ci ne sont pas divisés en minutes : un degré
est trop petit pour cela. Quelques-uns de ces instruments ne comprennent pas des
circonférences entières. Celui dont il est question, ici, ne comprend que 25 degrés.

Pour écrire les degrés en chiffres, on ajoute un petit zéro, à droite, et au-dessus
du nombre ; les minutes sont caractérisées par une virgule, placée aussi à droite,
et au-dessus. Ainsi, pour écrire onze degrés et quinze minutes, on dispose les chiffres comme suit : 11°, 15'. Il faut se familiariser avec ces degrés et minutes, pour
bien se servir du tarif : au lieu de dire : un demi ou un quart de degré, on dit :
trente ou quinze minutes. Ainsi des autres.

Passons à la partie de l'Instrument qui mesure la circonférence.

A partir de la *pinule* sur le bord, à droite, de l'Instrument, et sur la ligne où est fixé un crin, commence la division des degrés tous partagés en deux parties, de chacune trente minutes. Les traits qui divisent les degrés en deux, sont un peu plus courts. Ces degrés sont numérotés jusqu'à dix. On voit que, pour un cercle de petite dimension, il est impossible de diviser les degrés chacun en soixante parties ou minutes. On a recours à un moyen qui donne ces divisions invisibles ; ce moyen consiste à placer sur cette première portion du cercle, une autre plus petite section de circonférence que l'on nomme *Vernier* ou *Nonius*. Ce *Vernier*, dans l'Instrument dont il est question, est surmonté d'une pinule, et glisse sur la première portion de cercle, au moyen d'une vis qui est dessous. Il est divisé en trente parties qui comprennent ensemble vingt-neuf demi-degrés.

La première des divisions du *Vernier* est aussi garnie d'un crin, passant par la première des divisions, et correspondant avec la ligne qui passe par la pinule de la première portion de cercle.

C'est cette première division du *Vernier* qui sert à indiquer les degrés qu'il parcourt : ce qui a lieu en le faisant glisser au moyen de la vis. Ce *Vernier* ayant parcouru un certain espace, se trouve rarement ne comprendre que des degrés entiers. Si donc il marque un certain nombre de degrés, plus une fraction qu'il faut évaluer, on notera premièrement les degrés; et si cette fraction ne contient pas un demi ou trente minutes, on regardera sur les divisions du *Vernier*, celle qui correspond le mieux, avec une des divisions de la première portion du cercle, sans avoir égard aux demi qui comptent, ici, comme parties entières; ayant trouvé cette division qui correspond le mieux, elle indiquera le nombre de minutes qu'il faut ajouter aux degrés déjà notés.

Si la première division du *Vernier* dépassait un demi, ce serait déjà trente minutes, pour figurer à la suite des degrés, s'il y en avait. On trouverait le surplus de la fraction comme il vient d'être dit.

Afin de faire mieux comprendre, ce qui vient d'être dit, nous allons en faire l'application par deux exemples :

Soient A B la première portion de cercle, sur lequel sont marqués les degrés, et *a b* le *Vernier* servant à évaluer les minutes. Les pinules ne sont pas figurées, afin que l'on voie mieux.

L'Instrument étant disposé comme ci-contre on voit que c'est la quinzième division du *Vernier* qui correspond le mieux avec une des divisions de la première portion de cercle; c'est donc 15' à ajouter à 1° que le *Vernier* avait aussi dépassé. On aura donc l'angle 1° 15'.

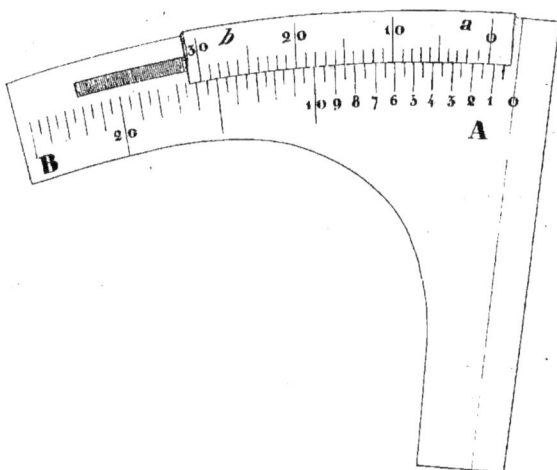

2ᵉ EXEMPLE.

Suivant la disposition du *Vernier* par rapport à la 1ʳᵉ portion de cercle, on voit, dans cet exemple, premièrement, que l'angle est de 2°,30', plus une fraction qu'il faut chercher sur ledit *Vernier*. En observant les divisions de celui-ci, on voit que c'est la 23ᵉ qui correspond le mieux avec une de la première portion de cercle : c'est donc 23' à ajouter au nombre déjà connu 2° 30', ce qui donne l'angle 2° 53'

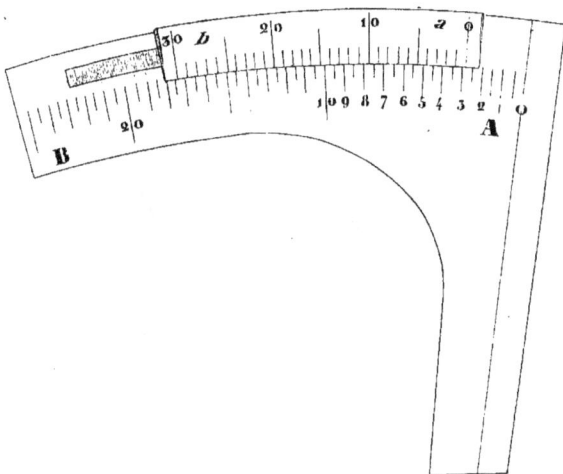

Il faut s'exercer avec l'Instrument jusqu'à ce que cette manière de lire les angles soit bien familière; car, quand on y est habitué, on lit ces degrés et minutes presqu'aussi couramment qu'en les voyant écrits en chiffres.

Les personnes pour lesquelles ces explications paraîtraient insuffisantes, devront s'adresser à un géomètre, qui les mettra facilement au courant.

APPLICATION A CE MESURAGE. Après avoir trouvé la hauteur de la bille comme il a été dit page, 14 on ramènera le rayon visuel à moitié de la hauteur de cette bille; et, appliquant l'œil à la première pinule, on observera les deux crins adaptés aux deux autres : ces deux crins paraîtront n'en former qu'un. Ensuite on fera glisser le *Vernier*, au moyen de la vis qui est dessous; les deux crins se sépareront de manière à envelopper de diamètre de l'arbre au point où l'on veut en avoir la circonférence.

Cette opération faite, on lira comme il a été dit plus haut, les degrés et minutes; et, cherchant cet angle sur le tarif, on descendra sa colonne jusqu'à la hauteur totale de la bille de l'arbre, (y compris 1 m. qu'on y avait déjà ajouté pour la longueur du bâton). Etant arrivé au point voulu, on trouvera la circonférence demandée, écrite en mètres et centimères, et le cube au $1\frac{5}{}$ᵉ *réduit*, de cet arbre dans la colonne à droite. C'est en regard de la colonne à gauche, que l'on prend les longueurs de billes dont on vient de parler, pour avoir la circonférence et le cube.

Si, comme il a été dit pour le mesurage des hauteurs, l'arbre penche en avant ou en arrière, il faut se déplacer et se mettre en B, et prendre A B pour nouvelle base et non *a b*.

Si l'arbre penche seulement à droite ou à gauche, il n'y a point de déplacement à faire; on fait seulement un peu incliner l'Instrument dans le sens de l'arbre, pour ne pas prendre le diamètre obliquement.

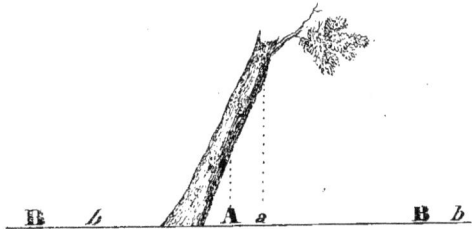

Si le terrain sur lequel on opère était en pente, et que l'on se trouvât plus haut ou plus bas que le pied de l'arbre, on chercherait la circonférence, comme il sera expliqué plus bas, au chapitre des *Cas particuliers*.

Des Cas particuliers qui peuvent se rencontrer dans le cours des Opérations.

———

DU MESURAGE

des circonférences soit à un point autre que le milieu de la bille, soit dans le cas où l'on serait placé plus haut ou plus bas que le pied de l'arbre.

Il a été dit, pour le mesurage des hauteurs, que si l'on ne pouvait se placer en travers de la pente, dans un terrain en revers, on se mettrait soit au-dessus soit au-dessous de l'arbre : dans ces cas on cherchera néanmoins le milieu de la bille, pour en prendre la circonférence à ce point, on opèrera de même que si l'on était en plaine ; mais, au lieu de chercher cette circonférence, sur le tarif, vis-à-vis la hauteur totale de la bille (1re colonne à gauche), on aura eu soin de noter quelle hauteur l'aiguille a marquée au point où l'on a pris cette circonférence, et on descendra la colonne à droite, ayant pour titre *hauteurs au-dessus du niveau de l'Instrument* ; étant arrivé au chiffre que l'aiguille aurait désigné, on suivra de droite à gauche la ligne horizontale, et s'arrêtant au-dessous de l'angle observé, on trouvera la circonférence. Il va sans dire, que le cube qui est dans la colonne à droite, ne peut plus s'appliquer à cet arbre.

On opère de même pour avoir la circonférence à un point autre que le milieu de la bille de l'arbre.

Dans ces mesurages de circonférences, on n'a plus égard à la hauteur du bâton sur lequel l'Instrument est placé.

Exemple : si l'on avait à prendre la circonférence d'un arbre, sans vouloir s'occuper soit de sa longueur totale, soit de l'inclinaison du terrain, que l'aiguille eût indiqué, au point convenu, 4 m. 25 de haut, et qu'à ce point on eût observé l'angle 3° 25'? On chercherait, dans le tarif, l'angle 3° 25', et se servant de la colonne verticale, à droite, on trouverait à la hauteur de 4 m. 25, la circonférence demandée 2 m. 05 c.

Substitution d'autres bases a celle de 10 mètres.

Il pourrait arriver dans le cours des opérations, que la base de 10 mètres deviendrait inutile, ou non applicable, par la raison que l'on ne pourrait a-percevoir soit le point dont on aurait besoin de la hauteur, soit celui dont on voudrait prendre la circonférence; il faudrait alors se reculer ou se rapprocher d'un certain nombre de mètres, et la hauteur du point à mesurer varierait dans la même proportion; c'est-à-dire que l'on multiplierait la hauteur que l'Instrument indiquerait, par la nouvelle base, et que l'on diviserait ce produit par 10.

Exemple : prenant 5 mètres pour base, et l'Instrument indiquant 24 mètres, on multiplie 24 par 5 = 120, que l'on divise par 10 pour avoir le quotien 12 mètres, qui est la hauteur cherchée.

On ajouterait, dans ce cas, la hauteur du bâton, seulement après ces opérations,

Il en est de même pour les circonférences; mais on devra les chercher sur le tarif, suivant les nombres faux que le déplacement a produit. Ainsi s'étant rapproché à 5 mètres, et voulant mesurer une circonférence, on la cherchera avec le nombre de mètres de hauteur que l'aiguille a indiqués, (sans ajouter la valeur du bâton), en se servant, dans le tarif, de la colonne à *droite*, des hauteurs.

Cette opération étant faite, on obtiendra une circonférence qui sera trop forte de moitié, puisque la base était trop faible de même quantité, c'est-à-dire 5 mètres au lieu de 10. Pour arriver au résultat, on prendra moitié de cette circonférence, pour avoir la véritable.

On peut encore prendre moitié de l'angle, au lieu de moitié de la circonférence.

Si l'on doublait la base de 10 mètres, on trouverait au point où l'on veut mesurer la circonférence, une hauteur au-dessus de l'Instrument, trop faible de moitié; mais c'est avec cette hauteur que l'on devrait chercher sur le tarif la circonférence qu'il faudrait doubler pour avoir celle que l'on a désirée.

Des Cas ou les angles observés sont plus petits ou plus grands que ceux renfermés dans le tarif, et supplément au mesurage des circonférences.

S'il arrivait que l'on eût à opérer avec des angles plus petits ou plus grands que ceux que le tarif comporte, on multiplierait ou l'on diviserait ces angles par quel nombre on voudrait; l'angle observé serait alors devenu assez petit ou assez grand pour être trouvé sur le tarif, ou il sera représenté par une circonférence que l'on multipliera ou l'on divisera à son tour, par le même nombre que l'on aurait multiplié ou divisé l'angle; ce produit ou ce quotient représente-rait alors la circonférence cherchée.

Exemple : on a l'angle 0° 40', qui ne se trouve pas dans le tarif, on double cet angle, et on a 1° 20', dont on cherche la circonférence avec la hauteur de la bille de l'arbre que l'on à mesurer ; ayant trouvé cette circonférence on en prendra moitié pour avoir la véritable.

Autre exemple : Si l'angle était de 8°, on en prendrait moitié; savoir : 4° dont on chercherait la circonférence, comme il a été dit, on doublerait ensuite cette circonférence pour obtenir celle que l'on désire.

Ces opérations n'altèrent nullement les résultats.

A la suite du tarif du mesurage des circonférences au moyen des angles, on a placé un supplément au mesurage de ces circonférences. Ce supplément sert au mesurage des arbres qui se trouveraient avoir trop de hauteur pour être trouvés dans le tarif qui ne donne le mesurage des circonférences qu'à 9 mètres au-dessus du niveau de l'Instrument. Si le cas se présentait, on pourrait, à l'aide de ce supplément, mesurer les circonférences jusqu'à 20 mètres au-dessus de l'Instrument, ce qui supposerait une bille de 40 ou plutôt de 42 mètres, à rai-son de l'élévation d'un mètre que donne déjà le bâton sur lequel est placé l'*Om-nimètre*.

Ces hauteurs sont plus que suffisantes pour les arbres les plus élancés.

DU PENCHEMENT OU INCLINAISON DES ARBRES.

Il a été parlé pages 15 et 20 du penchement des arbres : quand cette incli-naison est assez sensible, il en résulte des différences dans leurs longueurs, car l'Instrument donne les hauteurs mesurées perpendiculairement à moins toutefois que l'arbre penche à droite ou à gauche, et que l'on fasse prendre la même in-clinaison à l'Instrument.

Par exemple : Une bille que l'on aurait trouvée avoir 12 mètres de longueur, dont le sommet aurait son aplomb à 5 mètres du centre du tronc de l'arbre, présenterait une différence de 1 m. dans sa longueur et serait de 13 mètres.

Mais il est fort rare d'avoir des arbres pareillement inclinés.

On joint au présent travail une petite table donnant les différences de lon-gueur pour des billes de 5 à 20 mètres de long et de 1 à 5 mètres d'écartement. On verra par les différences qui y sont mentionnées que, par exemple, deux mètres d'écartement, donnent peu de différence, surtout si une bille avait déjà 9 mètres, cas ou il n'y aurait plus que 20 centimètres à ajouter.

La colonne supérieure horizontale, dans cette table, indique les longueurs des arbres, et la première colonne verticale, à gauche, indique les écartements de la projection du sommet, à la base desdits arbres.

		Aux longueurs de la première colonne horizontale.															
	Écartements.	5 m. on ajoute	6 on ajoute	7 on ajoute	8 on ajoute	9 on ajoute	10 on ajoute	11 on ajoute	12 on ajoute	13 on ajoute	14 on ajoute	15 on ajoute	16 on ajoute	17 on ajoute	18 on ajoute	19 on ajoute	20 on ajoute
pour les écartements de la première colonne verticale.	1m.»c.	0.10	0.00	»	»	»	»	»	»	»	»	»	»	»	»	»	»
	1. 25	0.20	0.10	0.10	0.10	0.10	»	»	»	»	»	»	»	»	»	»	»
	1. 50	0.20	0.20	0.20	0.10	0.10	0.10	0.10	0.10	0.10	»	»	»	»	»	»	»
	1. 75	0.30	0.30	0.20	0.20	0.20	0.20	0.10	0.10	0.10	0.10	0.10	0.10	0.10	0.10	»	»
	2. »	0.40	0.30	0.30	0.30	0.20	0.20	0.20	0.20	0.20	0.20	0.10	0.10	0.10	0.10	0.10	0.10
	2. 25	0.50	0.40	0.40	0.30	0.30	0.30	0.20	0.20	0.20	0.20	0.20	0.20	0.10	0.10	0.10	0.10
	2. 50	0.60	0.50	0.40	0.40	0.30	0.30	0.30	0.30	0.20	0.20	0.20	0.20	0.20	0.20	0.20	0.20
	2. 75	0.70	0.60	0.50	0.50	0.40	0.40	0.30	0.30	0.30	0.30	0.20	0.20	0.20	0.20	0,20	0.20
	3. »	0.80	0.70	0.60	0.50	0.50	0.40	0.40	0.40	0.30	0.30	0.30	0.30	0.30	0.30	0.20	0.20
	3. 25	1.00	0.80	0.70	0.60	0.60	0.50	0.50	0.40	0.40	0.40	0.40	0.30	0.30	0.30	0,30	0.30
	3. 50	1.10	1.00	0.80	0.70	0.70	0.60	0.50	0.50	0.50	0.40	0.40	0.40	0.40	0.30	0,30	0.30
	3. 75	1.30	1.10	0.90	0.80	0.80	0.70	0.60	0.60	0.50	0.50	0.50	0.40	0.40	0.40	0,40	0.30
	4. »	1.40	1.20	1.10	0.90	0.80	0.80	0.70	0.60	0.60	0.60	0.50	0.50	0.50	0.40	0,40	0.40
	4. 25	1.60	1.40	1.20	1.10	1.00	0.90	0.80	0.70	0.60	0.60	0.60	0.50	0.50	0,50	0,50	0.50
	4. 50	1.70	1.50	1.30	1.20	1.10	1.00	0.90	0.80	0.80	0.70	0.70	9.60	0.60	0.60	0,50	0.50
	4. 75	1.90	1.70	1.50	1.30	1.20	1.10	1.00	0.90	0.80	0.80	0.70	0.70	0.70	0.60	0,60	0.60
	5. »	2.10	1.80	1.60	1.40	1.30	1.20	1.10	1.00	0.90	0.90	0.80	0.80	0.70	0.70	0.70	0.60

NOTA. On sait que si, à partir d'un point peu éloigné, on dirige deux rayons visuels tangents à un cylindre, les deux points de contact réunis donneront une ligne plus courte que le diamètre de ce cylindre.

Dans le cas actuel du mesurage des circonférences, nous prenons cette différence pour nulle, ce dont on pourra s'assurer en vérifiant les résultats que donne l'*Omnimètre*.

TARIFS.

Tarif *donnant les circonférences d'après le mesurage des angles.*

Longueurs totales des billes. m. c.	1° » Circonférence. m. c.	Cube au 1/8e réduit	1° 05' Circonférence. m. c.	Cube au 1/8e réduit	1° 10' Circonférence. m. c.	Cube au 1/8e réduit	1° 15' Circonférence. m. c.	Cube au 1/8e réduit	1° 20' Circonférence. m. c.	Cube au 1/8e réduit	1° 25' Circonférence. m. c.	Cube au 1/8e réduit	1° 30' Circonférence. m. c.	Cube au 1/8e réduit	Hauteurs les billes au dessus du niveau de l'instr.
2.00	0,55	0,02	0,60	0,03	0,65	0,03	0,69	0,04	0,74	0,04	0,78	0,05	0,83	0,06	0.00
2.50	0,55	0,03	0,60	0,04	0,65	0,04	0,69	0,05	0,74	0,05	0,78	0,06	0,83	0,07	0.25
3.00	0,55	0,04	0,60	0,04	0,65	0,05	0,69	0,06	0,74	0,07	0,78	0,07	0,83	0,08	0.50
3.50	0,55	0,04	0,60	0,05	0,65	0,06	0,69	0,07	0,74	0,08	0,78	0,09	0,83	0,10	0.75
4.00	0,56	0,05	0,60	0,06	0,65	0,07	0,70	0,08	0,74	0,09	0,79	0,10	0,83	0,11	1. »
4.50	0,56	0,06	0,60	0,06	0,65	0,08	0,70	0,09	0,74	0,10	0,79	0,11	0,83	0,12	1.25
5.00	0,56	0,06	0,61	0,07	0,65	0,08	0,70	0,10	0,75	0,11	0,79	0,12	0,84	0,14	1.50
5.50	0,56	0,07	0,61	0,08	0,65	0,09	0,70	0,11	0,75	0,12	0,80	0,14	0,84	0,16	1.75
6.00	0,56	0,08	0,61	0,09	0,66	0,10	0,71	0,12	0,75	0,14	0,80	0,15	0,85	0,17	2. »
6.50	0,57	0,08	0,62	0,10	0,66	0,11	0,71	0,13	0,76	0,15	0,80	0,17	0,85	0,19	2.25
7.00	0,57	0,09	0,62	0,11	0,67	0,13	0,71	0,14	0,76	0,16	0,81	0,18	0,86	0,21	2.50
7.50	0,57	0,10	0,62	0,12	0,67	0,13	0,71	0,15	0,76	0,17	0,81	0,20	0,86	0,22	2.75
8.00	0,58	0,11	0,63	0,13	0,67	0,14	0,72	0,17	0,77	0,19	0,82	0,22	0,87	0,24	3. »
8.50	0,58	0,11	0,63	0,13	0,68	0,16	0,72	0,18	0,77	0,20	0,82	0,23	0,87	0,26	3.25
9.00	0,59	0,13	0,64	0,15	0,68	0,17	0,73	0,19	0,78	0,22	0,83	0,25	0,88	0,28	3.50
9.50	0,59	0,13	0,64	0,16	0,69	0,18	0,74	0,21	0,79	0,24	0,84	0,27	0,89	0,30	3.75
10.00	0,60	0,14	0,65	0,17	0,70	0,20	0,75	0,23	0,80	0,26	0,85	0,29	0,90	0,32	4. »
10.50	0,60	0,15	0,65	0,18	0,70	0,21	0,75	0,24	0,80	0,27	0,85	0,30	0,90	0,34	4.25
11.00	0,61	0,16	0,66	0,19	0,71	0,22	0,76	0,25	0,81	0,29	0,86	0,33	0,91	0,36	4.50
11.50	0,61	0,17	0,66	0,20	0,71	0,23	0,76	0,27	0,81	0,30	0,87	0,35	0,92	0,39	4.75
12.00	0,62	0,18	0,67	0,22	0,72	0,25	0,77	0,28	0,82	0,32	0,88	0,37	0,93	0,42	5. »
12.50	0,62	0,19	0,68	0,23	0,73	0,27	0,78	0,30	0,83	0,34	0,89	0,40	0,94	0,44	5.25
13.00	0,63	0,21	0,69	0,25	0,74	0,28	0,79	0,32	0,84	0,37	0,90	0,42	0,95	0,47	5.50
13.50	0,63	0,22	0,69	0,26	0,74	0,30	0,80	0,35	0,85	0,39	0,90	0,44	0,96	0,50	5.75
14.00	0,64	0,23	0,70	0,27	0,75	0,32	0,81	0,37	0,86	0,41	0,91	0,46	0,97	0,53	6. »
14.50	0,65	0,25	0,71	0,29	0,76	0,34	0,82	0,39	0,87	0,44	0,92	0,49	0,98	0,56	9.25
15.00	0,66	0,26	0,71	0,30	0,77	0,36	0,82	0,40	0,88	0,46	0,93	0,52	0,99	0,59	6.50
15.50	0,67	0,28	0,72	0,32	0,78	0,38	0,83	0,43	0,89	0,49	0,95	0,56	1,00	0,62	6.75
16.00	0,68	0,30	0,73	0,34	0,79	0,40	0,84	0,45	0,90	0,52	0,96	0,59	1,01	0,65	7. »
16.50	0,68	0,31	0,74	0,36	0,80	0,42	0,85	0,48	0,91	0,55	0,97	0,62	1,02	0,69	7.25
17.00	0,69	0,32	0,75	0,38	0,81	0,45	0,86	0,50	0,92	0,58	0,98	0,65	1,04	0,74	7.50
17.50	0,70	0,34	0,76	0,40	0,82	0,47	0,87	0,53	0,93	0,60	0,99	0,69	1,05	0,77	7.75
18.00	0,71	0,36	0,77	0,43	0,83	0,50	0,89	0,57	0,95	0,65	1,01	0,73	1,06	0,81	8. »
18.50	0,72	0,38	0,78	0,45	0,84	0,52	0,90	0,60	0,96	0,68	1,02	0,77	1,07	0,85	8.25
19.00	0,73	0,41	0,79	0,47	0,85	0,53	0,91	0,63	0,97	0,72	1,03	0,81	1,09	0,90	8.50
19.50	0,73	0,42	0,80	0,50	0,86	0,58	0,92	0,66	0,98	0,75	1,04	0,84	1,10	0,94	8.75
20.00	0,74	0,44	0,81	0,53	0,87	0,61	0,93	0,69	0,99	0,78	1,05	0,88	1,11	0,99	9. »

Tarif *donnant les circonférences d'après le mesurage des angles.*

Longueurs totales des billes. m. c.	1° 35'		1° 40'		1° 45'		1° 50'		1° 55'		2° a'		Hauteurs des billes au-dessus du niveau de l'Instrum'
	Circonférences. m. c.	Cube au 1/8e réduit.	Circonférences. m. c.	Cube au 1/8e réduit.	Circonférences. m. c.	Cube au 1/8e réduit.	Circonférences. m. c.	Cube au 1/8e réduit.	Circonférences. m. c.	Cube au 1/8e réduit.	Circonférences. m. c.	Cube au 1/8e réduit.	
2.00	0,87	0,06	0,92	0,07	0,97	0,08	1,01	0,08	1,06	0,09	1,11	0,10	0.00
2.50	0,87	0,08	0,92	0,08	0,97	0,09	1,01	0,10	1,06	0,11	1,11	0,12	0.25
3.00	0,87	0,09	0,92	0,10	0,97	0,11	1,01	0,12	1,06	0,13	1,11	0,15	0.30
3.50	0,88	0,11	0,92	0,12	0,97	0,13	1,02	0,15	1,06	0,16	1,11	0,17	0.75
4.00	0,88	0.12	0,93	0,14	0,97	0,15	1,02	0,17	1,07	0,18	1,11	0,20	1.00
4.50	0,88	0,14	0,93	0,16	0,97	0,17	1,02	0,19	1,07	0,21	1,11	0,22	1.25
5.00	0,89	0,16	0,93	0,17	0,98	0,19	1,03	0,21	1.07	0,23	1,12	0,25	1.50
5.50	0,89	0,17	0,93	0,19	0,98	0,21	1,03	0,23	1,08	0,26	1,12	0,28	1.75
6.00	0,89	0,19	0,94	0,21	0,99	0,24	1,04	0,26	1,08	0,28	1,13	0,31	2.00
6.50	0,90	0,21	0,94	0,23	0,99	0,25	1,04	0,28	1,09	0,31	1,13	0,33	2.25
7.00	0,90	0,23	0,95	0,25	1,00	0,28	1,05	0,31	1,09	0,33	1,14	0,36	2.50
7.50	0,91	0,25	0,95	0,27	1,00	0,30	1,05	0,33	1,10	0,36	1,15	0,40	2.75
8.00	0,92	0.27	0,96	0·29	1,01	0,33	1,06	0.36	1,11	0,39	1,16	0,43	3.00
8.50	0,92	0,29	0,97	0,32	1,02	0,35	1,06	0,38	1,11	0,42	1,16	0,46	3.25
9.00	0·93	0.31	0,98	0.35	1,03	0,38	1,07	0,41	1,12	0,45	1,17	0,49	3.50
9.50	0,93	0,33	0,98	0,36	1,04	0,41	1,08	1,44	1,12	0,48	1,18	0,53	3.75
10.00	0,94	0,35	0,99	0,39	1,04	0,43	1,09	0.48	1,14	0,52	1,19	0,57	4.00
10.50	0,95	0,58	1,00	0,42	1,05	0,46	1,10	0,51	1,15	0,56	1,20	0,60	4.25
11.00	0,96	0,41	1,01	0,43	1,06	0,49	1,11	0,54	1,16	0,59	1,21	0,64	4.50
11.50	0,97	0,43	1,02	0,48	1,07	0,53	1,12	0,58	1,17	0,63	1,22	0,68	4.75
12.00	0,98	0,46	1,03	0,51	1,08	0,56	1,13	0,61	1,18	0,67	1,21	0,74	5.00
12.50	0,99	0,49	1,04	0,54	1,10	0,61	1,14	0,65	1,20	0,72	1,25	0,78	5.25
13.00	1,00	0,52	1,05	0,57	1,11	0,64	1,16	0,70	1,21	0,76	1,26	0,85	5.50
13.50	1,01	0,55	1,06	0,61	1,12	0,68	1,17	0,74	1,22	0,80	1,28	0,88	5.75
14.00	1,02	0,58	1,07	0,64	1,13	0,72	1,18	0,78	1,21	0,86	1,29	0,93	6.00
14.50	1,03	0,62	1,08	0,68	1,14	0,75	1,20	0,84	1,25	0,91	1,30	0,98	6.25
15.00	1,04	0,65	1,10	0,73	1,15	0,79	1,21	0,88	1,26	0,95	1,32	1,03	6.50
15.50	1,05	0,68	1,11	0,76	1,16	0,83	1,22	0,92	1,28	1,02	1,33	1,10	6.75
16.00	1,07	0,73	1,13	0,82	1,18	0,89	1,24	0,98	1,29	1,07	1,35	1,17	7.00
16.50	1,08	0,77	1,14	0,86	1,19	0,93	1,25	1,03	1,31	1,15	1,36	1,22	7.25
17.00	1,09	0,81	1,15	0,90	1,21	1,00	1,27	1,10	1,32	1,18	1,58	1,29	7.50
17.50	1,10	0,85	1,16	0,94	1,22	1,04	1,28	1,15	2,34	1,26	1,40	1,37	7.75
18.00	1,12	0,90	1,18	1.00	1,24	1,11	1,30	1,22	1,36	1,33	1,42	1,45	8.00
18.50	1,13	0,94	1,19	1.05	1,25	1,16	1,31	1,27	1,37	1,39	1,43	1,51	8.25
19.00	1.13	1.01	1,21	1,11	1,27	1,25	1,33	1,34	1,39	1,47	1,43	1,60	8.30
19.50	1,16	1,05	1,22	1,16	1,28	1,28	1,34	1,40	1,40	1,53	1,47	1,69	8.75
20.00	1,18	1,11	1,24	1,23	1,30	1,35	1,36	1,48	1,42	1,61	1,49	1,78	9.00

Tarif *donnant les circonférences d'après le mesurage des angles.*

Longueurs totales des billes. m. c.	2° 05'		2° 10'		2° 15'		2° 20'		2° 25'		2° 30'		Hauteurs des billes au-dessus du niveau de l'Instrum^t
	Cir-conférences. m. c.	Cube au 1/8e réduit.	Cir-conférences. m. c.	Cube au 1/8e réduit.	Cir-conférences. m. c.	Cube au 1/8e réduit.	Cir-conférences. m. c.	Cube au 1/8e réduit.	Cir-conférences. m. c.	Cube au 1/8e réduit.	Cir-conférences. m. c.	Cube au 1/8e réduit.	
2.00	1,15	0,11	1,20	0,12	1,23	0,15	1,29	0,13	1,34	0,14	1,38	0,15	0.00
2.50	1,15	0,13	1,20	0,14	1,23	0,16	1,29	0,17	1,34	0,18	1,38	0,19	0.25
3.00	1,15	0,16	1,20	0,17	1,23	0,19	1,29	0,20	1,34	0,22	1,38	0,23	0.50
3.50	1,16	0,19	1,20	0,20	1,23	0,22	1,30	0,24	1,34	0,25	1,39	0,27	0.75
4.00	1,16	0,22	1,21	0,23	1,23	0,25	1,30	0,27	1,35	0,29	1,39	0,31	1.00
4.50	1,16	0,24	1,21	0,26	1,23	0,28	1,30	0,30	1,35	0,33	1,39	0,35	1.25
5.00	1,17	0,27	1,21	0,29	1,26	0,32	1,31	0,34	1,35	0,36	1,40	0,39	1.50
5.50	1,17	0,30	1,22	0,33	1,26	0,35	1,31	0,38	1,36	0,41	1,40	0,43	1.75
6.00	1,18	0,33	1,22	0,36	1,27	0,39	1,32	0,42	1,37	0,45	1,41	0,48	2.00
6.50	1,18	0,36	1,23	0,39	1,27	0,42	1,32	0,45	1,37	0,49	1,42	0,52	2.25
7.00	1,19	0,40	1,24	0,43	1,28	0,46	1,33	0,50	1,38	0,53	1,43	0,57	2.50
7.50	1,19	0,42	1,24	0,46	1,29	0,50	1,34	0,54	1,39	0,58	1,44	0,62	2.75
8.00	1,20	0,46	1,25	0,50	1,30	0,54	1,35	0,58	1,40	0,63	1,45	0,67	3.00
8.50	1,21	0,50	1,26	0,54	1,31	0,58	1,36	0,63	1,41	0,68	1,45	0,71	3.25
9.00	1,22	0,54	1,27	0,58	1,32	0,63	1,37	0,68	1,42	0,73	1,46	0,77	3.50
9.50	1,23	0,57	1,28	0,62	1,33	0,67	1,38	0,72	1,43	0,78	1,47	0,82	3.75
10.00	1,24	0,62	1,29	0,67	1,34	0,72	1,39	0,77	1,44	0,83	1,49	0,89	4.00
10.50	1,25	0,66	1,31	0,72	1,35	0,77	1,40	0,82	1,46	0,90	1,50	0,95	4.25
11.00	1,27	0,71	1,32	0,77	1,37	0,83	1,42	0,89	1,47	0,95	1,52	1,02	4.50
11.50	1,28	0,75	1,33	0,81	1,38	0,88	1,43	0,94	1,48	1,01	1,54	1,09	4.75
12.00	1,29	0,80	1,34	0,86	1,39	0,93	1,44	1,00	1,50	1,08	1,55	1,15	5.00
12.50	1,30	0,84	1,35	0,91	1,41	0,99	1,46	1,07	1,51	1,14	1,56	1,22	5.25
13.00	1,31	0,89	1,37	0,98	1,42	1,05	1,47	1,12	1,52	1,20	1,58	1,30	5.50
13.50	1,33	0,96	1,38	1,03	1,43	1,10	1,49	1,20	1,54	1,28	1,60	1,38	5.75
14.00	1,35	1,02	1,40	1,10	1,45	1,18	1,50	1,26	1,56	1,36	1,61	1,45	6.00
14.50	1,36	1,07	1,41	1,13	1,46	1,24	1,52	1,34	1,58	1,45	1,63	1,54	6.25
15.00	1,37	1,13	1,43	1,23	1,48	1,31	1,54	1,42	1,59	1,52	1,65	1,63	6.50
15.50	1,39	1,20	1,44	1,29	1,50	1,40	1,56	1,51	1,61	1,61	1,67	1,73	6.75
16.00	1,41	1,26	1,46	1,36	1,52	1,48	1,58	1,60	1,63	1,70	1,69	1,83	7.00
16.50	1,42	1,33	1,48	1,45	1,53	1,54	1,59	1,67	1,65	1,80	1,71	1,93	7.25
17.00	1,44	1,41	1,50	1,55	1,55	1,63	1,61	1,76	1,67	1,90	1,73	2,04	7.50
17.50	1,46	1,49	1,52	1,62	1,57	1,73	1,63	1,86	1,69	2,00	1,75	2,14	7.75
18.00	1,48	1,58	1,54	1,74	1,59	1,82	1,65	1,96	1,71	2,11	1,77	2,26	8.00
18.50	1,49	1,64	1,55	1,83	1,61	1,94	1,67	2,06	1,73	2,21	1,79	2,37	8.25
19.00	1,51	1,73	1,57	1,87	1,63	2,02	1,69	2,17	1,75	2,33	1,81	2,49	8.50
19.50	1,53	1,83	1,59	1,97	1,65	2,12	1,71	2,28	1,77	2,44	1,83	2,61	8.75
20.00	1,55	1,92	1,61	2,07	1,67	2,23	1,73	2,39	1,80	2,59	1,86	2,77	9.00

TARIF *donnant les circonférences d'après le mesurage des angles.*

Longueurs totales des billes. m. c.	2° 35'		2° 40'		2° 45'		2° 50'		2° 55'		3° »'		Hauteurs des billes au-dessus du niveau de l'Instrum'
	Circonférences m. c.	Cube au 1/8e réduit.	Circonférences. m. c,	Cube au 1/8e réduit.	Circonférences. m. c.	Cube au 1/8e réduit.	Circonférences. m. c.	Cube au 1/8e reduit.	Circonférences. m. c.	Cube au 1/8e réduit.	Circonférences. m. c.	Cube au 1/8e réduit.	
2.00	1,43	0,16	1,47	0,17	1,51	0,18	1,56	0,19	1,60	0,20	1,66	0,22	0.60
2.50	1,43	0,20	1,47	0,22	1,51	0,23	1,56	0,24	1,60	0,26	1,66	0,28	0.25
3.00	1,43	0,25	1,47	0,26	1,52	0,28	1,57	0,30	1,61	0,31	1,66	0,33	0.50
3.50	1,43	0,29	1,47	0,30	1,52	0,32	1,57	0,35	1,62	0,37	1,67	0,39	0.75
4.00	1,44	0,33	1,48	0,35	1,53	0,37	1,58	0,40	1,62	0,42	1,67	0,45	1.00
4.50	1,44	0,37	1,48	0,39	1,53	0,42	1,58	0,45	1,62	0,47	1,67	0,50	1.25
5.00	1,45	0,42	1,49	0,44	1,54	0,47	1,59	0,51	1,63	0,53	1,68	0,56	1.50
5.50	1,45	0,46	1,50	0,50	1.55	0,53	1,59	0,56	1,64	0,59	1,69	0,63	1.75
6.00	1,46	0,51	1,51	0,55	1.55	0,58	1,60	0,61	1,65	0,65	1,69	0,69	2.00
6.50	1,46	0,55	1,51	0,59	1,56	0,63	1,61	0,67	1,66	0,72	1,70	0,75	2.25
7.00	1,48	0,61	1,52	0,65	1,57	0,69	1,62	0,73	1,67	0,78	1,71	0,82	2.50
7.50	1,48	0,66	1,53	0,70	1.58	0,75	1,63	0,80	1,68	0,85	1,72	0,89	2.75
8.00	1,49	0,71	1,54	0,76	1.59	0,81	1,64	0,86	1,69	0,91	1,73	0,96	3.00
8.50	1,50	0,77	1,55	0,82	1.60	0,87	1,65	0,93	1,70	0,98	1,74	1,03	3.25
9·00	1,51	0,82	1,56	0,88	1.61	0,93	1,66	0,99	1,71	1,05	1,76	1,12	3.50
9.50	1,53	0,89	1,57	0,94	1.63	1,01	1,67	1,06	1,73	1,14	1,78	1,20	3.75
10.00	1,54	0,95	1,59	1,01	1,64	1,08	1,69	1,14	1,74	1,21	1,79	1,28	4.00
10.50	1,55	1,01	1,60	1,08	1,65	1,14	1,70	1,21	1,75	1,29	1,80	1,35	4.25
11.00	1,57	1,08	1,62	1,15	1,67	1,23	1,72	1,30	1,77	1,38	1,82	1,46	4.50
11.50	1,58	1,15	1,63	1,22	1,69	1,31	1,73	1,38	1,78	1,46	1,84	1,56	4.75
12.00	1,60	1,23	1,65	1,31	1,70	1,39	1,75	1,47	1,80	1,56	1,86	1,66	5.00
12.50	1,62	1,31	1,66	1,38	1,72	1,48	1,77	1,57	1,82	1,66	1,88	1,77	5.25
13.00	1,63	1,38	1,68	1,47	1,73	1,56	1,79	1,67	1,84	1,76	1,90	1,88	5.50
13.50	1,65	1,47	1,70	1,56	1,75	1,65	1,81	1,77	1,86	1,87	1,92	1,99	5.75
14.00	1,67	1,56	1,72	1,66	1,77	1,75	1,83	1,88	1,88	1,98	1,94	2,11	6.00
14.50	1,69	1,66	1,74	1,76	1,79	1,86	1,85	1,99	1,90	2,09	1,96	2,23	6.25
15.00	1,70	1,73	1,76	1,86	1,84	1,97	1,87	2,10	1,92	2,21	1,98	2,35	6.50
15.50	1,72	1,83	1,78	1,96	1,83	2,08	1,89	2,21	1,94	2,33	2,00	2,48	6.75
16.00	1,75	1,96	1,80	2,07	1,86	2,21	1,91	2,33	1,97	2,48	2,03	2,64	7.00
16.50	1,77	2,07	1,82	2,49	1,88	2,33	1,93	2,46	1,99	2,61	2,05	2,77	7.25
17.00	1,79	2,18	1,84	2,30	1,90	2,45	1,96	2,61	2,02	2,77	2,07	2,91	7.50
17.50	1,81	2,29	1,86	2,42	1,92	2,58	1,98	2,74	2,04	2,91	2,09	3,06	7.75
18.00	1,83	2,41	1,89	2,57	1,95	2,74	2,01	2,91	2,07	3,09	2,12	3,24	8.00
18.50	1,85	2,53	1,91	2,70	1,97	2,87	2,03	3,05	2,09	3,23	2,15	3,42	8.25
19.00	1,87	2,66	1,93	2,83	1,99	3,01	2,05	3,19	2,11	3,38	2,18	3,61	8.50
19.50	1,89	2,79	1,95	2,97	2,01	3,15	2,08	3,37	2,14	3,57	2,20	3,78	8.75
20.00	1,92	2,93	1,98	3,14	2,04	3,33	2,11	3,56	2,17	3,77	2,23	3,98	9.00

TARIF *donnant les circonférences d'après le mesurage des angles.*

Longueurs totales des billes. m. c.	3° 05' Cir-confé-rences. m. c.	3° 05' Cube au 1/5e réduit.	3° 10' Cir-Confé-rences. m. c.	3° 10' Cube au 1/5e réduit.	3° 15' Cir-confé-rences. m. c.	3° 15' Cube au 1/5e réduit.	3° 20' Cir-confé-rences. m. c.	3° 20' Cube au 1/5e réduit.	3° 25' Cir-confé-rences. m. c.	3° 25' Cube au 1/5e réduit.	3° 30' Cir-confé-rences. m. c.	3° 30' Cube au 1/5e réduit.	Hauteurs des billes au-dessus du niveau de l'Instrum.t
2.00	1,71	0,23	1,75	0,25	1,80	0,26	1,85	0,27	1,89	0,29	1,94	0,30	0.00
2.50	1,71	0,29	1,75	0,31	1,80	0,32	1,85	0,34	1,89	0,36	1,94	0,38	0.25
3.00	1,71	0,35	1,75	0,37	1,80	0,39	1,85	0,41	1,89	0,43	1,94	0,45	0.50
3.50	1,72	0,41	1,76	0,43	1,81	0,46	1,86	0,48	1,90	0,51	1,95	0,53	0.75
4.00	1,72	0,47	1,76	0,50	1,81	0,52	1,86	0,55	1,90	0,58	1,95	0,61	1.00
4.50	1,72	0,53	1,76	0,56	1,81	0,59	1,86	0,62	1,90	0,65	1,95	0,68	1.25
5.00	1,73	0,60	1,77	0,63	1,82	0,66	1,87	0,70	1,91	0,73	1,96	0,77	1.50
5.50	1,73	0,66	1,78	0,70	1,83	0,74	1,88	0,78	1,92	0,81	1,97	0,85	1.75
6.00	1,74	0,73	1,79	0,77	1,84	0,81	1,88	0,85	1,93	0,89	1,98	0,94	2.00
6.50	1,75	0,80	1,80	0,84	1,85	0,89	1,89	0,93	1,94	0,98	1,99	1,03	2.25
7.00	1,76	0,87	1,81	0,92	1,86	0,97	1,90	1,01	1,95	1,06	2,00	1,12	2.50
7.50	1,77	0,94	1,82	0,99	1,87	1,05	1,91	1,09	1,96	1,15	2,01	1,21	2.75
8.00	1,78	1,01	1,83	1,07	1,88	1,13	1,93	1,19	1,97	1,24	2,02	1,31	3.00
8.50	1,79	1,09	1,84	1,15	1,89	1,21	1,94	1,28	1,98	1,33	2,03	1,40	3.25
9.00	1,81	1,18	1,86	1,25	1,90	1,30	1,95	1,37	2,00	1,44	2,05	1,51	3.50
9.50	1,83	1,27	1,87	1,33	1,92	1,40	1,97	1,47	2,02	1,55	2,07	1,63	3.75
10.00	1,84	1,35	1,89	1,43	1,94	1,51	1,99	1,58	2,04	1,66	2,09	1,75	4.00
10.50	1,85	1,44	1,90	1,52	1,95	1,60	2,00	1,68	2,05	1,76	2,10	1,85	4.25
11.00	1,87	1,54	1,92	1,62	1,97	1,71	2,02	1,80	2,07	1,89	2,12	1,98	4.50
11.50	1,89	1.64	1,94	1,73	1,99	1,82	2,04	1,91	2,09	2,01	2,15	2,13	4.75
12.00	1,91	1,75	1,96	1,84	2,01	1,94	2,06	2,04	2,12	2,16	2,17	2,26	5.00
12.50	1,93	1,86	1,98	1,96	2,03	2,06	2,08	2,16	2,13	2,27	2,19	2,40	5.25
13.00	1,95	1,98	2,00	2,08	2,05	2,18	2,10	2,29	2,15	2,40	2,21	2,54	5.50
13.50	1,97	2,10	2,02	2,20	2,07	2,31	2,12	2,43	2,18	2,57	2,23	2,69	5.75
14.00	1,99	2,22	2,04	2,33	2,10	2,47	2,15	2,59	2,20	2,71	2,26	2,86	6.00
14.50	2,01	2,34	2,06	2,46	2,12	2,61	2,17	2,73	2,24	2,91	2,29	3,04	6.25
15.00	2,03	2,47	2,09	2,62	2,14	2,75	2,20	2,90	2,26	3,06	2,31	3,20	6.50
15.50	2,05	2,60	2,11	2,76	2,17	2,92	2,22	3,06	2,28	3,22	2,33	3,37	6.75
16.00	2,08	2,77	2,14	2,93	2,20	3,10	2,25	3,24	2,31	3,41	2,36	3,56	7.00
16.50	2,10	2,91	2,16	3,08	2,22	3,25	2,27	3,40	2,33	3,58	2,39	3,77	7.25
17.00	2,13	3,09	2,19	3,26	2,25	3,44	2,30	3 60	2,36	3,79	2,42	3,93	7.50
17.50	2,15	3,23	2,21	3,42	2,27	3,61	2,33	3,80	2,39	4,00	2,45	4,20	7.75
18.00	2,18	3,42	2,24	3,61	2,30	3,82	2,36	4,01	2,42	4,22	2,48	4,43	8.00
18.50	2,21	3,61	2,27	3,81	2,33	4,02	2,39	4,23	2,45	4,44	2,51	4,66	8.25
19.00	2,24	3,81	2,30	4,03	2,36	4,23	2,42	4,45	2,48	4,67	2,54	4,90	8.50
19.50	2,26	3,99	2,32	4,20	2,39	4,45	2,45	4,68	2,51	4,91	2,57	5,15	8.75
20.00	2,29	4,20	2,35	4,42	2,42	4,68	2,48	4,92	2,54	5,16	2,60	5,41	9.00

Tarif *donnant les circonférences d'après le mesurage des angles.*

Lon-gueurs totales des billes. m. c.	3° 35'		3° 40'		3° 45'		3° 50'		3° 55'		4° »'		Hauteurs des billes au-des-sus du niveau de l'Instrumt
	Cir-confé-rences m. c	Cube au 1/5e réduit.	Cir-confé-rences m. c,	Cube au 1/5e réduit.	Cir-confé-rences m. c.	Cube au 1/5e réduit.	Cir-confé-rences m. c.	Cube au 1/5e reduit.	Cir-confé-rences m c.	Cube au 1/5e réduit.	Cir-confé-rences m. c.	Cube au 1/5e réduit.	
2.00	1,98	0,31	2,03	0,33	2,09	0,35	2,13	0,36	2,18	0,38	2,22	0,39	0.00
2.50	1,98	0,39	2,03	0,41	2,09	0,44	2,13	0,45	2,18	0,48	2,22	0,49	0.25
3.00	1,98	0,47	2,03	0,49	2,09	0,52	2,13	0,54	2,18	0,57	2,22	0,59	0.50
3.50	1,99	0,55	2,04	0,58	2,09	0,61	2,13	0,64	2,18	0,67	2,23	0,70	0.75
4.00	1,99	0,63	2,04	0,67	2,09	0,70	2,13	0,73	2,18	0,76	2,23	0,80	1.00
4.50	2,00	0,72	2,04	0,75	2,09	0,79	2,14	0,82	2,18	0,86	2,23	0,90	1.25
5.00	2,01	0,81	2,05	0,84	2,10	0,88	2,15	0,92	2,19	0,96	2,24	1,00	1.50
5.50	2,01	0,89	2,06	0,93	2,11	0,98	2,16	1,03	2,20	1,06	2,25	1,11	1.75
6.00	2,02	0,98	2,07	1,03	2,12	1,08	2,17	1,13	2,21	1,17	2,26	1,23	2.00
6.50	2,03	1,07	2,08	1,12	2,13	1,18	2,18	1,24	2,22	1,28	2,27	1,34	2.25
7.00	2,05	1,18	2,09	1,22	2,14	1,28	2,19	1,34	2,24	1,40	2,28	1,46	2.50
7.50	2,06	1,27	2,10	1,32	2,15	1,39	2,20	1,45	2,25	1,52	2,29	1,57	2.75
8.00	2,07	1,37	2,12	1,44	2,17	1,51	2,22	1,58	2,26	1,64	2,31	1,71	3.00
8.50	2,08	1,47	2,13	1,54	2,18	1,62	2,23	1,69	2,27	1,75	2,32	1,83	3.25
9.00	2,10	1,59	2,15	1,66	2,20	1,74	2,25	1,82	2,29	1,89	2,34	1,97	3.50
9.50	2,12	1,71	2,17	1,79	2,22	1,87	2,27	1,96	2,32	2,04	2,36	2,12	3.75
10.00	2,14	1,83	2,19	1,92	2,24	2,01	2,29	2,10	2,34	2,19	2,38	2,27	4.00
10.50	2,15	1,94	2,21	2,05	2,26	2,15	2,31	2,24	2,36	2,34	2,40	2,42	4.25
11.00	2,17	2,07	2,23	2,19	2,28	2,29	2,33	2,39	2,38	2,49	2,43	2,60	4.50
11.50	2,20	2,23	2,25	2,33	2,30	2,44	2,35	2,54	2,40	2,65	2,45	2,76	4.75
12.00	2,22	2,37	2,27	2,47	2,32	2,58	2,37	2,70	2,42	2,81	2,47	2,93	5.00
12.50	2,24	2,51	2,29	2,62	2,34	2,74	2,40	2,88	2,44	2,98	2,50	3,13	5.25
13.00	2,26	2,66	2,31	2,77	2,37	2,92	2,42	3,04	2,47	3,17	2,52	3,30	5.50
13.50	2,29	2,83	2,34	2,96	2,39	3,08	2,44	3,22	2,50	3,38	2,55	3,51	5.75
14.00	2,31	2,99	2,36	3,12	2,42	3,28	2,47	3,42	2,53	3,58	2,58	3,73	6.00
14.50	2,34	3,18	2,39	3,31	2,44	3,45	2,50	3,63	2,55	3,77	2,61	3,95	6.25
15.00	2·36	3.34	2,42	3,51	2,47	3,66	2,53	3,84	2,58	3,99	2,64	4,18	6.50
15.50	2,39	3,54	1,45	3,72	2,50	3,88	2,56	4,06	2,61	4,22	2,67	4,42	6.75
16.00	2,42	3,75	2,48	3,94	2,53	4,10	2,59	4,29	2,64	4,46	2,70	4,67	7.00
16.50	2,45	3,96	2,50	4,13	2,56	4,32	2,62	4,53	2,67	4,71	2,73	4,92	7.25
17.00	2,48	4,18	2,53	4,35	2,59	4,56	2,65	4,77	2,71	4,99	2,76	5,18	7.50
17.50	2,51	4,41	2,57	4,62	2,62	4,81	2,68	5,03	2,74	5,26	2,79	5,45	7.75
18.00	2,54	4,64	2,60	4,87	2,66	5,09	2,71	5,29	2,77	5,58	2,83	5,77	8.00
18.50	2,57	4,89	2,63	5,12	2,69	5,35	2,74	5,56	2,80	5,80	2,86	6,03	8.25
19.00	2,60	5,14	2,66	5,38	2,72	5,62	2,78	5,87	2,84	6,13	2,90	6,39	8.50
19.50	2,63	5,39	2,69	5,64	2,75	5,90	2,81	6,16	2,87	6,42	2,93	6,70	8.75
20.00	2,66	5,66	2,72	5,92	2,79	6,23	2,85	6,50	2,91	6,77	2,97	7,06	9.00

Tarif *donnant les circonférences d'après le mesurage des angles.*

Longueurs totales des billes. m. c.	4° 05'		4° 10'		4° 15'		4° 20'		4° 25'		4° 30'		Hauteurs des billes au-dessus du niveau de l'Instrum'
	Circonfé-rences. m. c.	Cube au 1/8e réduit.	Circonfé-rences. m. c.	Cube au 1/8e réduit.	Circonfé-rences. m. c.	Cube au 1/8e réduit.	Circonfé-rences. m. c.	Cube au 1/8e réduit.	Circonfé-rences. m. c.	Cube au 1/8e réduit.	Circonfé-rences. m. c.	Cube au 1/8e réduit.	
2.00	2,26	0,41	2,31	0,43	2,35	0,44	2,40	0,46	2,45	0,48	2,49	0,50	0.00
2.50	2,26	0,51	2,31	0,53	2,33	0,55	2,40	0 58	2,43	0,60	3,49	0,62	0.25
3.00	2,26	0,61	2,31	0,64	2,36	0,67	2,40	0,69	2,45	0,72	2,49	0,74	0.50
3.50	2,27	0,72	2,32	0,75	2,36	0,78	2,41	0,81	2,46	0,85	2,50	0,88	0.75
4.00	2,27	0,82	2,32	0,86	2,37	0,90	2,41	0,95	2,46	0,97	2,50	1,00	1.00
4.50	2,28	0,94	2,32	0,97	2,37	1,01	2,42	1,05	2,46	1,09	2,51	1,13	1.25
5.00	2,29	1,05	2,33	1,09	2,38	1,13	2,43	1,18	2,47	1,22	2,52	1,27	1.50
5.50	2,30	1,17	2,34	1,20	2,39	1,26	2,44	1,31	2,48	1,35	2,53	1,41	1.75
6.00	2,31	1,28	2,35	1,32	2,40	1,58	2,45	1,44	2,49	1,49	2,54	1,55	2.00
6.50	2,32	1,40	2,36	1,45	2,41	1,51	2,46	1,57	2,50	1,63	2,55	1,69	2.25
7.00	2,33	1,52	2,38	1,59	2,43	1,65	2,47	1,71	2,52	1,78	2,57	1,85	2.50
7.50	2,34	1,64	2,39	1,71	2,44	1,79	2,48	1,85	2,53	1,92	2,58	2,00	2.75
8.00	2,36	1,78	2,41	1,86	2,46	1,94	2,50	2,00	2,55	2,08	2,60	2,16	3.00
8.50	2,37	1,91	2,42	1,99	2,47	2,07	2,52	2,16	2,57	2,25	2,62	2,35	3.25
9.00	2,39	2,06	2,44	2,14	2,49	2,23	2,54	2,32	2,59	2,42	2,64	2,51	3.30
9.50	2,41	2,21	2,46	2,30	2,51	2,39	2,56	2,49	2,61	2,59	2,66	2,69	3.75
10.00	2,43	2,36	2,48	2,46	2,53	2,56	2,58	2,66	2,63	2,77	2,68	2,87	4.00
10.50	2,45	2,52	2,50	2,63	2,55	2,73	2,60	2,84	2,65	2,95	2,70	3,06	4.25
11.00	2,48	2,71	2,53	2,82	2,58	2,93	2,63	3,04	2,68	3,16	2,73	3,28	4.50
11.50	2,50	2,88	2,55	2,99	2,60	3,11	2,65	3,23	2,70	3,35	2,75	3,48	4.75
12.00	2,53	3,07	2,58	3,19	2,63	3,52	2,68	3,45	2,73	3,58	2,78	3,71	5.00
12.50	2,55	3,25	2,61	3,41	2,65	3,54	2,71	3,67	2,76	3,81	2,93	3,95	5.25
13.00	2,58	3,46	2,63	3,60	2,68	3,73	2,73	3,88	2,79	4,03	2,84	4,19	5.50
13.50	2,60	3,63	2,66	3,82	2,71	3,97	2,76	4,11	2,82	4,29	2,87	4,45	5.75
14.00	2,63	3,87	2,69	4,05	2,74	4,21	2,80	4,59	2,85	4,55	2,90	4,71	6.00
14.50	2,66	4,10	2,72	4,29	2,77	4,45	2,83	4,65	2,88	4,81	2,93	4,98	6.25
15.00	2,69	4,34	2,75	4,54	2,80	4,70	2,86	4,91	2,91	5,08	2,97	5,25	6.50
15.50	2,72	4,59	2,78	4,79	2,83	4,97	2,89	5,18	2,94	5,36	3,00	5,58	6.75
16.00	2,76	4,88	2,81	5,05	2,87	5,27	2,93	5,49	2,98	5,68	3,04	5,91	7.00
16.50	2,79	5,14	2,84	5,32	2,90	5,55	2,96	5,78	3,03	6,06	3,07	6,22	7.25
17.00	2,82	5,41	2,88	5,64	2,94	5,88	2,99	6,08	3,05	6,35	3,11	6,58	7.50
17.50	2,85	5,68	2,91	5,93	2,97	6,17	3,03	6,43	3,09	6,68	3,14	6,90	7.75
18.00	2,89	6,01	2,95	6,27	3,01	6,52	3,07	6,79	3,13	7,05	3,18	7,28	8.00
18.50	2,92	6,31	2,98	6,57	3,04	6,84	3,10	7,11	3,16	7,39	3,22	7,67	8.25
19.00	2,96	6,66	3,02	6,93	3,08	7,21	3,14	7,49	3,20	7,78	3,26	8,05	8.50
19.50	2,99	6,97	3,06	7,30	3,12	7,59	3,18	7,89	3,24	8,19	3,30	8,49	8.75
20.00	3,03	7,34	3,10	7,69	3,16	7,99	3,22	8,30	3,28	8,61	3,34	8,92	9.00

TARIF donnant les circonférences d'après le mesurage des angles.

Longueurs totales des billes. m. c.	4° 35' Circonférences m. c.	Cube au 1/3e réduit.	4° 40' Circonférences m. c.	Cube au 1/3e réduit.	4° 45' Circonférences m. c.	Cube au 1/3e réduit.	4° 50' Circonférences m. c.	Cube au 1/3e réduit.	4° 55' Circonférences m. c.	Cube au 1/3e réduit.	5° »' Circonférences m. c.	Cube au 1/3e réduit.	Hauteurs des billes au-dessus du niveau de l'Instrum'
2.00	2,54	0,52	2,58	0,53	2,63	0,55	2,68	0,57	2,72	0,59	2,77	0,61	0.00
2.50	2,54	0,65	2,58	0,67	2,63	0,69	2,68	0,72	2,72	0,74	2,77	0,77	0.25
3.00	2,54	0,77	2,59	0,81	2,63	0,83	2,68	0,86	2,73	0,89	2,77	0,92	0.50
3.50	2,55	0,91	2,59	0,94	2,64	0,98	2,69	1,01	2,73	1,04	2,78	1,08	0.75
4.00	2,55	1,04	2,60	1,08	2,64	1,12	2,69	1,16	2,74	1,20	2,78	1,24	1.00
4.50	2,56	1,18	2,60	1,22	2,65	1,26	2,70	1,31	2,74	1,35	2,79	1,40	1.25
5.00	2,57	1,32	2,61	1,36	2,66	1,42	2,71	1,47	2,75	1,51	2,80	1,57	1.50
5.50	2,58	1,46	2,62	1,51	2,67	1,57	2,72	1,63	2,76	1,68	2,81	1,74	1.75
6.00	2,59	1,61	2,64	1,67	2,68	1,72	2,73	1,79	2,78	1,86	2,82	1,91	2.00
6.50	2,60	1,76	2,65	1,83	2,69	1,88	2,74	1,95	2,79	2,02	2,83	2,08	2.25
7.00	2,61	1,91	2,66	1,98	2,71	2,06	2,76	2,13	2,81	2,21	2,85	2,27	2.50
7.50	2,63	2,07	2,68	2,15	2,73	2,24	2,77	2,32	2,82	2,39	2,87	2,47	2.75
8.00	2,65	2,25	2,70	2,33	2,75	2,42	2,79	2,49	2,84	2,58	2,89	2,67	3.00
8.50	2,67	2,42	2,72	2,52	2,76	2,59	2,81	2,68	2,86	2,78	2,91	2,88	3.25
9.00	2,69	2,60	2,74	2,70	2,78	2,78	2,83	2,88	2,88	2,99	2,93	3,09	3.50
9.50	2,71	2,79	2,76	2,90	2,80	2,98	2,85	3,09	2,90	3,20	2,95	3,31	3.75
10.00	2,73	2,98	2,78	3,09	2,83	3,20	2,88	3,31	2,93	3,43	2,98	3,55	4.00
10.50	2,75	3,18	2,80	3,29	2,85	3,41	2,90	3,53	2,95	3,66	3,00	3,79	4.25
11.00	2,78	3,40	2,83	3,52	2,88	3,65	2,93	3,78	2,98	3,91	3,03	4,04	4.50
11.50	2,80	3,61	2,86	3,76	2,91	3,90	2,96	4,03	3,01	4,17	3,06	4,31	4.75
12.00	2,83	3,82	2,89	4,01	2,94	4,15	2,99	4,47	3,04	4,44	3,09	4,58	5.00
12.50	2,86	4,09	2,91	4,23	2,97	4,41	3,02	4,56	3,07	4,71	3,12	4,87	5.25
13.00	2,89	4,34	2,94	4,49	3,00	4,68	3,05	4,84	3,10	5,00	3,16	5,19	5.50
13.50	2,92	4,60	2,97	4,76	3,03	4,96	3,08	5,12	3,14	5,32	3,19	5,49	5.75
14.00	2,96	4,91	3,01	5,07	3,07	5,28	3,12	5,45	3,18	5,66	3,23	5,84	6.00
14.50	2,99	5,19	3,04	5,36	3,10	5,57	3,15	5,76	3,21	5,98	3,26	6,17	6.25
15.00	3,02	5,47	3,08	5,69	3,13	5,88	3,18	6,11	3,24	6,30	3,30	6,53	6.50
15.50	3,05	5,77	3,11	6,00	3,17	6,23	3,22	6,43	3,28	6,67	3,34	6,92	6.75
16.00	3,09	6,11	3,14	6,35	3,21	6,60	3,26	6,80	3,32	7,05	3,38	7,31	7.00
16.50	3,13	6,47	3,18	6,67	3,25	6,97	3,30	7,19	3,36	7,45	3,41	7,68	7.25
17.00	3,17	6,83	3,22	7,05	3,28	7,32	3,34	7,59	3,40	7,86	3,45	8,09	7.50
17.50	3,20	7,17	3,26	7,44	3,32	7,71	3,38	8,00	3,44	8,28	3,49	8,33	7.75
18.00	3,24	7,56	3,30	7,84	3,36	8,13	3,42	8,42	3,48	8,72	3,54	9,02	8.00
18.50	3,28	7,96	3,34	8,25	3,40	8,55	3,46	8,86	3,52	9,17	3,58	9,48	8.25
19.00	3,32	8,38	3,38	8,68	3,44	8,99	3,50	9,31	3,56	9,63	3,62	9,96	8.50
19.50	3,36	8,81	3,42	9,12	3,48	9,45	3,54	9,77	3,60	10,11	3,67	10,51	8.75
20.00	3,41	9,30	3,47	9,63	3,53	9,97	3,59	10,31	3,65	10,66	3,72	11,07	9.00

Tarif *donnant les circonférences d'après le mesurage des angles.*

Longueurs totales des billes. m. c.	5° 05' Circonférences. m. c.	5° 05' Cube au 1/3e réduit.	5° 10' Circonférences. m. c.	5° 10' Cube au 1/3e réduit.	5° 15' Circonférences. m. c.	5° 15' Cube au 1/3e réduit.	5° 20' Circonférences. m. c.	5° 20' Cube au 1/3e réduit.	5° 25' Circonférences. m. c.	5° 25' Cube au 1/3e réduit.	5° 30' Circonférences. m. c.	5° 30' Cube au 1/3e réduit.	Hauteurs des billes au-dessus du niveau de l'Instrum.t
2.00	2,82	0,64	2,86	0,65	2,91	0,68	2,95	0,70	3,00	0,72	3,05	0,74	0.00
2.50	2,82	0,80	2,86	0,82	2,91	0,85	2,95	0,87	3,00	0,90	3,05	0,93	0.25
3.00	2,82	0,95	2,86	0,98	2,91	1,02	2,96	1,05	3,00	1,08	3,05	1,12	0.50
3.50	2,83	1,12	2,87	1,15	2,92	1,19	2,96	1,23	3,01	1,27	3,06	1,31	0.75
4.00	2,83	1,28	2,87	1,32	2,92	1,36	2,97	1,41	3,01	1,45	3,06	1,50	1.00
4.50	2,84	1,45	2,88	1,49	2,93	1,55	2,98	1,60	3,02	1,64	3,07	1,70	1.25
5.00	2,85	1,62	2,89	1,67	2,94	1,73	2,99	1,79	3,03	1,84	3,08	1,90	1.50
5.50	2,86	1,80	2,90	1,85	2,95	1,91	3,00	1,98	3,04	2,03	3,09	2,10	1.75
6.00	2,87	1,98	2,92	2,05	2,97	2,12	3,01	2,17	3,06	2,25	3,11	2,32	2.00
6.50	2,88	2,16	2,93	2,23	2,98	2,31	3,02	2,37	3,07	2,45	3,12	2,53	2.25
7.00	2,90	2,33	2,95	2,44	3,00	2,52	3,04	2,59	3,09	2,67	3,14	2,76	2.50
7.50	2,92	2,56	2,97	2,65	3,01	2,72	3,06	2,81	3,11	2,90	3,16	3,00	2.75
8.00	2,94	2,77	2,99	2,86	3,03	2,94	3,08	3,04	3,13	3,14	3,18	3,24	3.00
8.50	2,96	2,98	3,01	3,08	3,05	3,16	3,10	3,27	3,15	3,37	3,20	3,48	3.25
9.00	2,98	3,20	3,03	3,30	3,08	3,42	3,13	3,53	3,17	3,62	3,22	3,73	3.50
9.50	3,00	3,42	3,05	3,53	3,10	3,65	3,15	3,77	3,20	3,89	3,25	4,01	3.75
10.00	3,03	3,67	3,08	3,79	3,13	3,92	3,18	4,05	3,23	4,17	3,28	4,30	4.00
10.50	3,05	3,91	3,10	4,04	3,15	4,17	3,20	4,30	3,25	4,44	3,30	4,57	4.25
11.00	3,08	4,17	3,13	4,31	3,18	4,45	3,23	4,59	3,28	4,73	3,33	4,88	4.50
11.50	3,11	4,45	3,16	4,59	3,21	4,74	3,26	4,89	3,31	5,04	3,36	5,19	4.75
12.00	3,14	4,73	3,19	4,88	3,25	5,07	3,30	5,23	3,35	5,39	3,40	5,55	5.00
12.50	3,17	5,03	3,22	5,19	3,28	5,38	3,33	5,55	3,43	5,71	3,45	5,88	5.25
13.00	3,21	5,36	3,26	5,53	3,31	5,70	3,37	5,90	3,42	6,08	3,47	6,26	5.50
13.50	3,24	5,67	3,30	5,88	3,35	6,06	3,40	6,24	3,46	6,46	3,51	6,65	5.75
14.00	3,28	6,05	3,34	6,25	3,39	6,45	3,44	6,63	3,50	6,86	3,55	7,06	6.00
14.50	3,31	6,35	3,37	6,59	3,42	6,78	3,48	7,02	3,53	7,23	3,59	7,48	6.25
15.00	3,35	6,75	3,41	6,98	3,46	7,18	3,52	7,43	3,57	7,65	3,63	7,91	6.50
15.50	3,39	7,12	3,45	7,38	3,50	7,60	3,56	7,86	3,61	8,08	3,67	8,35	6.75
16.00	3,43	7,55	3,49	7,80	3,54	8,02	3,60	8,29	3,66	8,57	3,71	8,84	7.00
16.50	3,47	7,95	3,53	8,22	3,58	8,46	3,64	8,75	3,70	9,04	3,75	9,28	7.25
17.00	3,51	8,38	3,57	8,67	3,63	8,96	3,68	9,21	3,74	9,51	3,80	9,82	7.50
17.50	3,55	8,82	3,61	9,12	3,67	9,43	3,73	9,74	3,78	10,00	3,84	10,32	7.75
18.00	3,60	9,33	3,66	9,64	3,72	9,96	3,78	10,29	3,83	10,56	3,89	10,90	8.00
18.50	3,64	9,81	3,70	10,13	3,76	10,46	3,82	10,80	3,88	11,14	3,94	11,49	8.25
19.00	3,68	10,29	3,75	10,69	3,81	11,03	3,87	11,58	3,93	11,74	3,99	12,10	8.50
19.50	3,73	10,85	3,79	11,20	3,85	11,56	3,91	11,92	3,97	12,29	4,04	12,73	8.75
20.00	3,78	11,43	3,84	11,80	3,90	12,17	3,96	12,55	4,02	12,93	4,05	13,38	9.00

Tarif *donnant les circonférences d'après le mesurage des angles.*

Longueurs totales des billes. m. c.	5° 35' Circonférences. m. c.	Cube au 1/8e réduit.	5° 40' Circonférences. m. c.	Cube au 1/8e réduit.	5° 45' Circonférences. m. c.	Cube au 1/8e réduit.	5° 50' Circonférences. m. c.	Cube au 1/8e réduit.	5° 55' Circonférences. m. c.	Cube au 1/8e réduit.	6° » Circonférences. m. c.	Cube au 1/8e réduit.	Hauteurs des billes au-dessus du niveau de l'Instrum¹
2.00	3,09	0,76	3,44	0,79	3,18	0,81	3,23	0,83	3,28	0,86	3,32	0,88	0.00
2.50	3,09	0,95	3,44	0,99	3,18	1,01	3,23	1,04	3,28	1,08	3,32	1,10	0.25
3.00	3,10	1,15	3,44	1,18	3,19	1,22	3,23	1,25	3,28	1,29	3,33	1,33	0.50
3.50	3,10	1,35	3,15	1,39	3,19	1,42	3,24	1,47	3,29	1,52	3,33	1,55	0.75
4.00	3,11	1,55	3,15	1,59	3,20	1,64	3,24	1,68	3,29	1,73	3,34	1,78	1.00
4.50	3,12	1,75	3,16	1,80	3,21	1,85	3,25	1,90	3,30	1,96	3,35	2,02	1.25
5.00	3,13	1,96	3,17	2,01	3,22	2,07	3,27	2,14	3,31	2,19	3,36	2,26	1.50
5.50	3,14	2,17	3,18	2,22	3,23	2,30	3,28	2,37	3,32	2,42	3,57	2,50	1.75
6.00	3,15	2,58	3,20	2,46	3,25	2,53	3,29	2,60	3,34	2,68	3,39	2,76	2.00
6.50	3,17	2,61	3,21	2,68	3,26	2,76	3,31	2,83	3,36	2,94	3,40	3,01	2.25
7.00	3,19	2,85	3,23	2,92	3,28	3,01	3,33	3,11	3,38	3,20	3,42	3,27	2.50
7.50	3,21	3,09	3,25	3,17	3,30	3,27	3,35	3,17	3,40	3,47	3,44	3,55	2.75
8.00	3,23	3,34	3,27	3,42	3,52	3,55	3,37	3,65	3,42	3,74	3,47	3,85	3.00
8.50	3,25	3,59	3,29	3,68	3,54	3,79	3,39	3,91	3,44	4,02	3,49	4,14	3.25
9.00	3,27	3,85	3,52	3,97	3,57	4,09	3,42	4,21	3,47	4,33	3,52	4,46	3.50
9.50	3,30	4,14	3,55	4,04	3,40	4,39	3,45	4,52	3,50	4,66	3,55	4,79	3.75
10.00	3,55	4,44	3,38	4,57	3,43	4,71	3,48	4,84	3,53	4,99	3,58	5,14	4.00
10.50	3,36	4,74	3,41	4,88	3,46	5,03	3,51	5,17	3,56	5,32	3,61	5,47	4.25
11.00	3,39	5,06	3,44	5,21	3,49	5,36	3,54	5,54	3,59	5,67	3,64	5,85	4.50
11.50	3,42	5,38	3,47	5,54	3,52	5,70	3,57	5,86	3,62	6,03	3,67	6,20	4.75
12.00	3,45	5,71	3,50	5,88	3,55	6,05	3,61	6,25	3,66	6,45	3,71	6,61	5.00
12.50	3,48	6,06	3,54	6,27	3,59	6,45	3,64	6,65	3,69	6,84	3,75	7,05	5.25
13.00	3,52	6,44	3,58	6,66	3,63	6,85	3,68	7,04	3,73	7,24	3,79	7,47	5.50
13.50	3,56	6,84	3,62	7,08	3,67	7,27	3,72	7,47	3,77	7,68	3,83	7,92	5.75
14.00	3,60	7,26	3,66	7,50	3,71	7,71	3,76	7,92	3,82	8,47	3,87	8,59	6.00
14.50	3,64	7,69	3,70	7,94	3,75	8,15	3,80	8,38	3,86	8,64	3,91	8,87	6.25
15.00	3,68	8,12	3,74	8,39	3,79	8,62	3,85	8,89	3,90	9,13	3,96	9,41	6.50
15.50	3,72	8,58	3,78	8,86	3,83	9,10	3,89	9,58	3,94	9,62	4,00	9,92	6.75
16.00	3,77	9,10	3,82	9,54	3,88	9,63	3,94	9,94	3,99	10,19	4,05	10,50	7.00
16.50	3,84	9,58	3,86	9,85	3,92	10,14	3,98	10,45	4,04	10,77	4,09	11,04	7.25
17.00	3,86	10,13	3,91	10,40	3,97	10,72	4,05	11,04	4,09	11,57	4,14	11,66	7.50
17.50	3,90	10,65	3,96	10,98	4,02	11,31	4,08	11,65	4,14	12,00	4,19	12,29	7.75
18.00	3,95	11,23	4,01	11,58	4,07	11,93	4,13	12,28	4,19	12,64	4,25	13,01	8.00
18.50	4,00	11,84	4,06	12,20	4,12	12,56	4,18	12,93	4,24	13,30	4,30	13,68	8.25
19.00	4,05	12,47	4,11	12,84	4,17	13,22	4,23	13,96	4,29	13,99	4,35	14,38	8.50
19.50	4,10	13,11	4,16	13,50	4,22	13,89	4,28	14,29	4,34	14,69	4,40	15,10	8.75
20.00	4,15	13,78	4,21	14,18	4,27	14,59	4,33	15,00	4,40	15,49	4,46	15,91	9.00

COMPLÉMENT *du mesurage des circonférences.*

Hauteurs.	1° 00'	1° 05'	1° 10'	1° 15'	1° 20'	1° 25'	1° 30'	1° 35'	1° 40'	1° 45'	1° 50'	1° 55'	2° 00'	Hauteurs.
9.50	0,76	0,83	0,89	0,95	1,01	1,08	1,14	1,21	1,27	1,33	1,39	1,46	1,52	9.50
10. »	0,78	0,85	0,91	0,98	1,04	1,11	1,17	1,24	1,30	1,37	1,43	1,50	1,56	10.
10.50	0,80	0,87	0,93	1,00	1,06	1,13	1,20	1,27	1,33	1,40	1,46	1,53	1,60	10.50
11. »	0,82	0,89	0,96	1,03	1,09	1,16	1,23	1,30	1,37	1,44	1,50	1,57	1,64	11. »
11.50	0,84	0,91	0,98	1,05	1,12	1,19	1,26	1,33	1,40	1,47	1,54	1,61	1,68	11.50
12. »	0,86	0,93	1,01	1,08	1,15	1,22	1,29	1,37	1,44	1,51	1,58	1,65	1,72	12. »
12.50	0,88	6,95	1,03	1,10	1,18	1,25	1,32	1,40	1,47	1,54	1,62	1,69	1,76	12.50
13. »	0,91	0,98	1,06	1,13	1,21	1,28	1,36	1,43	1,51	1,58	1,66	1,73	1,81	13. »
13.50	0,93	1,00	1,08	1,16	1,24	1,31	1,39	1,46	1,54	1,62	1,70	1,77	1,85	13.50
14. »	0,95	1,03	1,11	1,19	1,27	1,34	1,42	1,50	1,58	1,66	1,74	1,82	1,90	14. »
14.50	0,97	1,05	1,13	1,21	1,29	1,37	1,45	1,53	1,61	1,69	1,77	1,86	1,94	14.50
15. »	0,99	1,07	1,15	1,24	1,32	1,40	1,48	1,57	1,65	1,73	1,81	1,90	1,98	15. »
15.50	1,01	1,10	1,18	1,27	1,35	1,43	1,52	1,61	1,69	1,77	1,86	1,94	2,03	15.50
16. »	1,04	1,13	1,21	1,30	1,39	1,47	1,56	1,65	1,73	1,82	1,91	1,99	2,08	16. »
16.50	1,06	1,15	1,24	1,33	1,42	1,50	1,59	1,68	1,77	1,86	1,95	2,03	2,12	16.50
17. »	1,09	1,18	1,27	1,36	1,45	1,54	1,63	1,72	1,81	1,90	1,99	2,08	2,17	17. »
17.50	1,11	1,20	1,29	1,39	1,48	1,57	1,66	1,76	1,85	1,94	2,03	2,13	2,22	17.50
18. »	1,13	1,23	1,32	1,42	1,51	1,61	1,70	1,80	1,89	1,99	2,08	2,18	2,27	18. »
18.50	1,15	1,25	1,35	1,45	1,54	1,64	1,73	1,83	1,93	2,03	2,12	2,22	2,32	18.50
19. »	1,18	1,28	1,38	1,48	1,58	1,68	1,77	1,87	1,97	2,07	2,17	2,27	2,37	19. »
19.50	1,20	1,30	1,41	1,51	1,61	1,71	1,81	1,91	2,01	2,11	2,21	2,31	2,41	19.50
20. »	1,23	1,33	1,44	1,54	1,64	1,75	1,85	1,95	2,05	2,16	2,26	2,36	2,46	20. »

Hauteurs.	2° 05'	2° 10'	2° 15'	2° 20'	2° 25'	2° 30'	2° 35'	2° 40'	2° 45'	2° 50'	2° 55'	3° 00'	Hauteurs.
9.50	1,59	1,65	1,71	1,77	1,84	1,90	1,97	2,03	2,09	2,16	2,22	2,28	9.50
10. »	1,63	1,69	1,76	1,82	1,89	1,95	2,02	2,08	2,15	2,21	2,28	2,34	10.
10.50	1,67	1,73	1,80	1,86	1,93	2,00	2,07	2,13	2,20	2,26	2,33	2,40	10.50
11. »	1,71	1,78	1,84	1,91	1,98	2,05	2,12	2,19	2,26	2,32	2,39	2,46	11. »
11.50	1,75	1,82	1,89	1,96	2,03	2,10	2,17	2,24	2,31	2,38	2,45	2,52	11.50
12. »	1,80	1,87	1,94	2,01	2,08	2,16	2,23	2,30	2,37	2,44	2,51	2,59	12. »
12.50	1,84	1,91	1,99	2,06	2,13	2,21	2,28	2,35	2,43	2,50	2,57	2,65	12.50
13. »	1,89	1,96	2,04	2,11	2,19	2,26	2,34	2,41	2,49	2,56	2,64	2,72	13. »
13.50	1,93	2,01	2,09	2,16	2,24	2,31	2,39	2,47	2,55	2,62	2,70	2,78	13.50
14. »	1,98	2,06	2,14	2,21	2,29	2,37	2,45	2,53	2,61	2,69	2,77	2,85	14. »
14.50	2,02	2,10	2,18	2,26	2,34	2,42	2,50	2,58	2,66	2,74	2,82	2,91	14.50
15. »	2,06	2,14	2,23	2,31	2,39	2,47	2,55	2,64	2,72	2,80	2,88	2,97	15. »
15.50	2,11	2,19	2,28	2,37	2,45	2,53	2,62	2,70	2,79	2,87	2,95	3,04	15.50
16. »	2,17	2,25	2,34	2,43	2,51	2,60	2,69	2,77	2,86	2,95	3,03	3,12	16. »
16.50	2,22	2,30	2,39	2,48	2,57	2,66	2,75	2,83	2,92	3,01	3,10	3,19	16.50
17. »	2,27	2,36	2,45	2,54	2,63	2,72	2,81	2,90	2,99	3,08	3,17	3,26	17. »
17.50	2,31	2,41	2,50	2,59	2,68	2,78	2,87	2,96	3,05	3,15	3,24	3,33	17.50
18. »	2,36	2,46	2,55	2,65	2,74	2,84	2,93	3,03	3,12	3,22	3,31	3,40	18. »
18.50	2,41	2,51	2,60	2,70	2,80	2,90	2,99	3,09	3,18	3,28	3,38	3,47	18.50
19. »	2,46	2,56	2,66	2,76	2,86	2,96	3,06	3,15	3,25	3,35	3,45	3,55	19. »
19.50	2,51	2,61	2,71	2,81	2,92	3,02	3,12	3,21	3,32	3,42	3,52	3,62	19.50
20. »	2,57	2,67	2,77	2,87	2,98	3,08	3,18	3,28	3,39	3,49	3,59	3,70	20. »

COMPLÉMENT *du mesurage des circonférences.*

Hauteurs.	3°05'	3°10'	3°15'	3°20'	3°25'	3°30'	3°35'	3°40'	3°45'	3°50'	3°55'	4°00'	Hauteurs.
9.50	2,35	2,41	2,48	2,54	2,60	2,66	2,73	2,79	2,86	2,92	2,98	3,04	9.50
10. »	2,41	2,47	2,54	2,60	2,67	2,73	2,80	2,86	2,93	2,99	3,06	3,12	10. »
10.50	2,47	2,53	2,60	2,67	2,73	2,80	2,87	2,93	3,00	3,07	3,13	3,20	10.50
11. »	2,53	2,60	2,67	2,74	2,80	2,87	2,94	3,01	3,08	3,15	3,21	3,28	11. »
11.50	2,59	2,66	2,73	2,80	2,87	2,94	3,01	3,08	3,15	3,21	3,29	3,36	11.50
12. »	2,66	2,73	2,80	2,87	2,95	3,02	3,09	3,16	3,23	3,30	3,38	3,45	12. »
12.50	2,72	2,80	2,87	2,94	3,02	3,09	3,16	3,24	3,31	3,38	3,46	3,53	12.50
13. »	2,79	2,87	2,94	3,02	3,09	3,17	3,24	3,32	3,39	3,47	3,54	3,62	13. »
13.50	2,86	2,94	3,01	3,09	3,16	3,24	3,32	3,40	3,47	3,55	3,63	3,71	13.50
14. »	2,93	3,01	3,08	3,16	3,24	3,32	3,40	3,48	3,56	3,64	3,72	3,80	14. »
14.50	2,99	3,07	3,14	3,23	3,31	3,39	3,47	3,55	3,63	3,71	3,79	3,87	14.50
15. »	3,05	3,13	3,21	3,30	3,38	3,46	3,54	3,63	3,71	3,79	3,87	3,95	15. »
15.50	3,13	3,21	3,29	3,38	3,46	3,55	3,63	3,72	3,80	3,89	3,97	4,05	15.50
16. »	3,21	3,29	3,38	3,47	3,55	3,64	3,73	3,81	3,90	3,99	4,08	4,16	16. »
16.50	3,28	3,36	3,46	3,54	3,63	3,72	3,81	3,90	3,99	4,08	4,17	4,25	16.50
17. »	3,35	3,44	3,54	3,62	3,71	3,81	3,90	3,99	4,08	4,17	4,26	4,35	17. »
17.50	3,42	3,51	3,61	3,70	3,79	3,89	3,98	4,07	4,17	4,26	4,35	4,44	17.50
18. »	3,50	3,59	3,69	3,78	3,88	3,97	4,07	4,16	4,26	4,35	4,44	4,54	18. »
18.50	3,57	3,67	3,76	3,86	3,96	4,05	4,15	4,25	4,35	4,44	4,53	4,63	18.50
19. »	3,65	3,75	3,84	3,94	4,04	4,14	4,24	4,34	4,44	4,53	4,63	4,73	19. »
19.50	3,72	3,82	3,92	4,02	4,12	4,22	4,32	4,43	4,53	4,62	4,72	4,83	19.50
20. »	3,80	3,90	4,00	4,11	4,21	4,31	4,41	4,52	4,62	4,72	4,82	4,93	20. »

Hauteurs.	4°05'	4°10'	4°15'	4°20'	4°25'	4°30'	4°35'	4°40'	4°45'	4°50'	4°55'	5°00'	Hauteurs.
9.50	3,11	3,17	3,24	3,30	3,36	3,42	3,49	3,55	3,62	3,68	3,74	3,81	9.50
10. »	3,19	3,25	3,32	3,38	3,45	3,51	3,58	3,64	3,71	3,77	3,84	3,90	10. »
10.50	3,27	3,33	3,40	3,47	3,53	3,60	3,67	3,75	3,80	3,87	3,93	4,00	10.50
11. »	3,35	3,42	3,49	3,56	3,62	3,69	3,76	3,83	3,90	3,97	4,03	4,10	11. »
11.50	3,43	3,50	3,57	3,65	3,71	3,78	3,85	3,92	3,99	4,07	4,13	4,20	11.50
12. »	3,52	3,59	3,66	3,74	3,81	3,88	3,95	4,02	4,09	4,17	4,24	4,31	12. »
12.50	3,61	3,68	3,75	3,83	3,90	3,97	4,05	4,12	4,19	4,27	4,34	4,41	12.50
13. »	3,70	3,77	3,85	3,92	4,00	4,07	4,15	4,22	4,30	4,37	4,45	4,52	13. »
13.50	3,79	3,86	3,94	4,01	4,09	4,17	4,25	4,32	4,40	4,48	4,56	4,63	13.50
14. »	3,88	3,95	4,03	4,11	4,19	4,27	4,35	4,42	4,50	4,59	4,67	4,74	14. »
14.50	3,96	4,03	4,11	4,19	4,28	4,36	4,44	4,52	4,60	4,68	4,76	4,84	14.50
15. »	4,04	4,12	4,20	4,28	4,37	4,45	4,53	4,62	4,70	4,78	4,86	4,94	15. »
15.50	4,14	4,22	4,31	4,39	4,48	4,56	4,65	4,73	4,84	4,90	4,98	5,07	15.50
16. »	4,25	4,33	4,42	4,51	4,59	4,68	4,77	4,85	4,94	5,03	5,11	5,20	16. »
16.50	4,34	4,43	4,52	4,61	4,69	4,78	4,87	4,96	5,05	5,14	5,22	5,32	16.50
17. »	4,44	4,53	4,62	4,71	4,80	4,89	4,98	5,07	5,16	5,25	5,34	5,44	17. »
17.50	4,55	4,63	4,72	4,81	4,90	5,00	5,09	5,18	5,27	5,36	5,46	5,55	17.50
18. »	4,63	4,73	4,82	4,92	5,01	5,11	5,20	5,30	5,39	5,48	5,58	5,67	18. »
18.50	4,73	4,83	4,92	5,02	5,11	5,21	5,31	5,41	5,50	5,60	5,69	5,79	18.50
19. »	4,83	4,93	5,03	5,13	5,22	5,32	5,42	5,52	5,62	5,72	5,82	5,91	19. »
19.50	4,93	5,03	5,13	5,23	5,33	5,43	5,53	5,63	5,73	5,83	5,94	6,03	19.50
20. »	5,03	5,13	5,24	5,34	5,44	5,54	5,65	5,75	5,85	5,95	6,06	6,16	20. »

TARIFS

de Cubage au cinquième réduit

ET AU

Quart sans déduction.

Nota. La colonne supérieure horizontale indique les circonférences, pour cuber *au cinquième réduit*.

La seconde colonne horizontale, indique en millimètres, l'équarrissage des arbres. — On s'en sert pour cuber les *bois d'équarris*.

Une troisième colonne horizontale qui commence à 0 m. 46 c. de circonférence, sert pour le cubage des arbres *au quart sans déduction*.

Tarif *de Cubage au cinquième réduit, à 4 décimales aux produits.*

Longueurs. m. c.	Circonférences en centimètres.												Longueur. m. c.
	10 0,020	11 0,022	12 0,024	13 0,026	14 0,028	15 0,030	16 0,032	17 0,034	18 0,036	19 0,038	20 0,040	21 0,042	
0.25	0,0001	0,0001	0,0001	0,0002	0,0002	0,0002	0,0003	0,0003	0,0003	0,0004	0,0004	0,0004	0.25
0.50	0,0002	0,0002	0,0003	0,0003	0,0004	0,0004	0,0005	0,0006	0,0006	0,0007	0,0008	0,0009	0.50
0.75	0,0003	0,0003	0,0005	0,0005	0,0006	0,0007	0,0008	0,0009	0,0010	0,0011	0,0012	0,0013	0.75
1.00	0,0004	0,0005	0,0006	0,0007	0,0008	0,0009	0,0010	0,0012	0,0013	0,0014	0,0016	0,0018	1.00
1.25	0,0005	0,0006	0,0007	0,0009	0,0010	0,0011	0,0013	0,0015	0,0016	0,0018	0,0020	0,0022	1.25
1.50	0,0006	0,0007	0,0009	0,0011	0,0012	0,0013	0,0015	0,0015	0,0018	0,0019	0,0021	0,0024	0,0027	1.50
1.75	0,0007	0,0008	0,0011	0,0012	0,0014	0,0016	0,0018	0,0021	0,0023	0,0025	0,0028	0,0031	1.75
2.00	0,0008	0,0010	0,0012	0,0014	0,0016	0,0018	0,0020	0,0023	0,0026	0,0029	0,0032	0,0035	2.00
2.25	0,0009	0,0011	0,0013	0,0015	0,0018	0,0020	0,0023	0,0026	0,0029	0,0033	0,0036	0,0039	2.25
2.50	0,0010	0,0012	0,0014	0,0017	0,0020	0,0022	0,0025	0,0029	0,0032	0,0036	0,0040	0,0044	2.50
2.75	0,0011	0,0013	0,0015	0,0018	0,0022	0,0025	0,0028	0,0032	0,0036	0,0040	0,0044	0,0048	2.75
3.00	0,0012	0,0015	0,0017	0,0020	0,0024	0,0027	0,0031	0,0035	0,0039	0,0043	0,0048	0,0055	3.00
3.25	0,0013	0,0016	0,0018	0,0022	0,0025	0,0029	0,0034	0,0038	0,0042	0,0047	0,0052	0,0057	3.25
3.50	0,0014	0,0017	0,0020	0,0024	0,0027	0,0031	0,0036	0,0041	0,0045	0,0050	0,0056	0,0062	3.50
3.75	0,0015	0,0018	0,0021	0,0025	0,0029	0,0034	0,0039	0,0044	0,0049	0,0054	0,0060	0,0066	3.75
4.00	0,0016	0,0019	0,0023	0,0027	0,0031	0,0036	0,0041	0,0046	0,0052	0,0058	0,0064	0,0071	4.00
4.25	0,0017	0,0020	0,0024	0,0029	0,0033	0,0038	0,0044	0,0049	0,0055	0,0062	0,0068	0,0075	4.25
4.50	0,0018	0,0021	0,0026	0,0030	0,0035	0,0040	0,0046	0,0052	0,0058	0,0065	0,0072	0,0080	4.50
4.75	0,0019	0,0023	0,0027	0,0032	0,0037	0,0043	0,0049	0,0055	0,0062	0,0069	0,0076	0,0084	4.75
5.00	0,0020	0,0024	0,0029	0,0034	0,0039	0,0045	0,0051	0,0058	0,0065	0,0072	0,0080	0,0088	5.00
5.25	0,0021	0,0025	0,0030	0,0035	0,0041	0,0047	0,0054	0,0061	0,0068	0,0076	0,0084	0,0092	5.25
5.50	0,0022	0,0026	0,0032	0,0037	0,0043	0,0049	0,0056	0,0064	0,0071	0,0079	0,0088	0,0097	5.50
5.75	0,0023	0,0028	0,0033	0,0039	0,0045	0,0052	0,0059	0,0067	0,0075	0,0083	0,0092	0,0101	5.75
6.00	0,0024	0,0029	0,0035	0,0041	0,0047	0,0054	0,0061	0,0069	0,0078	0,0087	0,0096	0,0106	6.00
6.25	0,0025	0,0030	0,0036	0,0042	0,0049	0,0056	0,0064	0,0072	0,0081	0,0091	0,0100	0,0110	9.25
6.50	0,0026	0,0031	0,0037	0,0044	0,0051	0,0058	0,0066	0,0075	0,0084	0,0094	0,0104	0,0115	6.50
6.75	0,0027	0,0032	0,0038	0,0046	0,0053	0,0061	0,0069	0,0078	0,0088	0,0098	0,0108	0,0119	6.75
7.00	0,0028	0,0034	0,0040	0,0047	0,0055	0,0063	0,0072	0,0081	0,0091	0,0101	0,0112	0,0123	7.00
7.25	0,0029	0,0035	0,0041	0,0049	0,0057	0,0065	0,0075	0,0084	0,0094	0,0105	0,0116	0,0127	7.25
7.50	0,0030	0,0036	0,0043	0,0051	0,0059	0,0067	0,0077	0,0087	0,0097	0,0108	0,0120	0,0132	7.50
7.75	0,0031	0,0037	0,0044	0,0052	0,0061	0,0070	0,0080	0,0090	0,0101	0,0112	0,0124	0,0136	7.75
8.00	0,0032	0,0039	0,0046	0,0054	0,0063	0,0072	0,0082	0,0092	0,0104	0,0116	0,0128	0,0141	8.00
8.25	0,0033	0,0040	0,0047	0,0056	0,0065	0,0074	0,0085	0,0095	0,0107	0,0120	0,0132	0,0145	8.25
8.50	0,0034	0,0041	0,0049	0,0057	0,0067	0,0076	0,0087	0,0098	0,0110	0,0123	0,0136	0,0150	8.50
8.75	0,0035	0,0042	0,0050	0,0059	0,0069	0,0079	0,0090	0,0101	0,0114	0,0127	0,0140	0,0154	8.75
9.00	0,0036	0,0044	0,0052	0,0061	0,0071	0,0081	0,0092	0,0104	0,0117	0,0130	0,0144	0,0159	9.00
9.25	0,0037	0,0045	0,0053	0,0063	0,0072	0,0083	0,0095	0,0107	0,0120	0,0134	0,0148	0,0163	9.25
9.50	0,0038	0,0046	0,0055	0,0064	0,0074	0,0085	0,0097	0,0110	0,0123	0,0137	0,0152	0,0168	9.50
9.75	0,0039	0,0047	0,0056	0,0066	0,0076	0,0088	0,0100	0,0113	0,0127	0,0141	0,0156	0,0172	9.75
10.00	0,0040	0,0048	0,0058	0,0068	0,0078	0,0090	0,0102	0,0116	0,0130	0,0144	0,0160	0,0176	10.00
10.25	0,0041	0,0049	0,0059	0,0069	0,0080	0,0092	0,0105	0,0119	0,0133	0,0148	0,0164	0,0180	10.25
10.50	0,0042	0,0050	0,0060	0,0071	0,0082	0,0094	0,0107	0,0122	0,0136	0,0151	0,0168	0,0185	10.50
10.75	0,0043	0,0052	0,0061	0,0073	0,0084	0,0097	0,0110	0,0125	0,0140	0,0155	0,0172	0,0189	10.75
11.00	0,0044	0,0053	0,0063	0,0074	0,0086	0,0099	0,0113	0,0127	0,0143	0,0159	0,0176	0,0194	11.00
11.25	0,0045	0,0054	0,0064	0,0076	0,0088	0,0101	0,0116	0,0130	0,0146	0,0163	0,0180	0,0198	11.25
11.50	0,0046	0,0055	0,0066	0,0078	0,0090	0,0103	0,0118	0,0133	0,0149	0,0166	0,0184	0,0203	11.30
11.75	0,0047	0,0057	0,0067	0,0079	0,0092	0,0106	0,0121	0,0136	0,0153	0,0170	0,0188	0,0208	11.75
12·00	0,0048	0,0058	0,0069	0,0081	0,0094	0,0108	0,0123	0,0139	0,0156	0,0173	0,0192	0,0212	12.00

Tᴀʀɪꜰ *de Cubage au cinquième réduit, à 4 décimales aux produits.*

Lon-gueurs. m. c.	22 0,044	23 0,046	24 0,048	25 0,050	26 0,052	27 0,054	28 0,056	29 0,058	30 0,060	31 0,062	32 0,064	33 0,066	Longueur'. m, c.
0.25	0,0005	0,0005	0,0006	0,0006	0,0007	0,0007	0,0008	0,0008	0,0009	0,0010	0,0010	0,0011	0.25
0.50	0,0010	0,0011	0,0012	0,0012	0,0014	0,0014	0,0015	0,0016	0,0017	0,0018	0,0019	0,0020	0,0022	0.50
0.75	0,0015	0,0016	0,0017	0,0019	0,0020	0,0022	0,0024	0,0025	0,0027	0,0029	0,0031	0,0033	0.75
1.00	0,0019	0,0021	0,0023	0,0025	0,0027	0,0029	0,0031	0,0034	0,0036	0,0038	0,0041	0,0044	1.00
1.25	0,0024	0 0026	0,0029	0,0031	0,0034	0,0036	0,0039	0,0042	0,0045	0,0048	0,0051	0,0055	1.25
1.50	0,0029	0,0032	0,0035	0,0037	0,0041	0,0044	0,0047	0,0051	0,0054	0,0037	0,0061	0,0066	1.50
1.75	0,0034	0,0037	0,0040	0,0044	0,0047	0,0051	0,0055	0,0059	0,0063	0,0067	0,0072	0,0077	1.75
2.00	0,0039	0,0042	0,0046	0,0050	0,0054	0,0058	0,0063	0,0067	0,0072	0,0077	0,0082	0,0087	2.00
2.25	0,0044	0,0047	0,0052	0,0056	0,0061	0,0065	0,0071	0,0075	0,0081	0,0087	0,0092	0,0098	2.25
2.50	0,0049	0,0053	0,0058	0,0062	0,0068	0,0073	0,0079	0,0084	0,0090	0,0096	0,0102	0,0109	2.50
2.75	0,0054	0,0058	0,0063	0,0069	0,0074	0,0080	0,0087	0,0092	0,0099	0,0106	0,0115	0,0120	2.75
3.00	0,0058	0,0063	0,0069	0,0075	0,0081	0,0087	0,0094	0,0101	0,0108	0,0115	0,0125	0,0131	3.00
3.25	0,0063	0,0068	0,0075	0,0081	0,0088	0,0094	0,0102	0,0109	0,0117	0,0125	0,0133	0,0142	3.25
3.50	0,0068	0,0074	0,0081	0,0087	0,0095	0,0102	0,0110	0,0118	0,0126	0,0134	0,0143	0,0153	3.50
3.75	0,0073	0,0079	0,0086	0,0094	0,0101	0,0109	0,0118	0,0126	0,0135	0,0144	0,0154	0,0164	3.75
4.00	0,0077	0,0085	0,0092	0,0100	0,0108	0,0117	0,0125	0,0135	0,0144	0,0154	0,0164	0,0174	4.00
4.25	0,0082	0,0090	0,0098	0,0106	0,0115	0,0124	0,0133	0,0141	0,0153	0,0164	0,0174	0,0185	4.25
4.50	0,0087	0,0096	0,0104	0,0112	0,0122	0,0132	0,0141	0,0150	0,0162	0,0175	0,0184	0,0196	4.50
4.75	0,0092	0,0101	0,0109	0,0119	0,0128	0,0139	0,0149	0,0159	0,0171	0,0183	0,0195	0,0207	4.75
5.00	0,0097	0,0106	0,0115	0,0125	0,0135	0,0146	0,0157	0,0168	0,0180	0,0192	0,0205	0,0218	5.00
5.25	0,0102	0,0111	0,0121	0,0131	0,0142	0,0153	0,0165	0,0176	0,0189	0,0202	0,0215	0,0229	5.25
5.50	0,0107	0,0117	0,0127	0,0157	0,0149	0,0161	0,0173	0,0185	0,0198	0,0211	0,0225	0,0240	5.50
5.75	0,0112	0,0122	0,0132	0,0144	0,0155	0,0168	0,0181	0,0193	0,0207	0,0221	0,0236	0,0251	5.75
6.00	0,0116	0,0127	0,0138	0,0150	0,0162	0,0175	0,0188	0,0202	0,0216	0,0251	0,0246	0,0261	6.00
6.25	0,0121	0,0132	0,0144	0,0156	0,0169	0,0182	0,0196	0,0210	0,0225	0,0241	0,0256	0,0272	6.25
6.50	0,0126	0,0138	0,0150	0,0162	0,0176	0,0190	0,0204	0,0219	0,0234	0,0250	0,0266	0,0283	6.50
6.75	0,0131	0,0143	0,0155	0,0169	0,0182	0,0197	0,0212	0,0227	0,0243	0,0260	0,0277	0,0294	6.75
7.00	0,0136	0,0148	0,0161	0,0175	0,0189	0,0204	0,0220	0,0235	0,0252	0,0269	0,0287	0,0305	7.00
7.25	0,0141	0,0153	0,0167	0,0181	0,0196	0,0211	0,0228	0,0243	0,0261	0,0279	0,0297	0,0316	7.25
7.50	0,0146	0,0159	0,0173	0,0187	0,0203	0,0219	0,0236	0,0252	0,0270	0,0288	0,0307	0,0327	7.50
7.75	0,0151	0,0164	0,0178	0,0194	0,0209	0,0226	0,0244	0,0260	0,0279	0,0298	0,0318	0,0338	7.75
8.00	0,0155	0,0169	0,0184	0,0200	0,0216	0,0233	0,0251	0,0269	0,0288	0,0308	0,0528	0,0348	8.00
8.25	0,0160	0,0174	0,0190	0,0206	0,0223	0,0240	0,0259	0,0277	0,0297	0,0318	0,0338	0,0359	8.25
8.50	0,0165	0,0180	0,0196	0,0212	0,0230	0,0248	0,0267	0,0286	0,0306	0,0327	0,0348	0,0370	8.50
8.75	0,0170	0,0185	0,0201	0,0219	0,0236	0,0255	0,0275	0,0294	0,0315	0,0337	0,0359	0,0381	8.75
9.00	0,0174	0,0190	0,0207	0,0225	0,0243	0,0262	0,0282	0,0303	0,0324	0,0346	0,0369	0,0392	9.00
9.25	0,0179	0,0195	0,0213	0,0231	0,0250	0,0269	0,0290	0,0311	0,0333	0,0356	0,0379	0,0403	9.25
9.50	0,0184	0,0201	0,0219	0,0237	0,0257	0,0277	0,0298	0,0320	0,0342	0,0365	0,0389	0,0414	9.50
9.75	0,0189	0,0206	0,0224	0,0244	0,0263	0,0284	0,0306	0,0328	0,0351	0,0375	0,0400	0,0425	9.75
10.00	0,0194	0,0212	0,0230	0,0250	0,0270	0,0292	0,0314	0,0336	0,0360	0,0384	0,0410	0,0436	10.00
10.25	0,0199	0,0217	0,0236	0,0256	0,0277	0,0299	0,0322	0,0344	0,0369	0,0394	0,0420	0,0447	10.25
10.50	0,0204	0,0223	0,0242	0,0262	0,0284	0,0307	0,0330	0,0353	0,0378	0,0403	0,0430	0,0458	10.50
10.75	0,0209	0,0228	0,0247	0,0269	0,0290	0,0314	0,0338	0,0361	0,0387	0,0413	0,0441	0,0469	10.75
11.00	0,0213	0,0233	0,0253	0,0275	0,0297	0,0321	0,0345	0,0370	0,0396	0,0423	0,0451	0,0479	11.00
11.25	0,0218	0,0238	0,0259	0,0281	0,0304	0,0328	0,0353	0,0378	0,0405	0,0433	0,0461	0,0490	11.25
11.50	0,0223	0,0244	0,0265	0,0287	0,0311	0,0336	0,0361	0,0387	0,0414	0,0442	0,0471	0,0501	11.50
11.75	0,0228	0,0249	0,0270	0,0294	0,0317	0,0343	0,0369	0,0395	0,0423	0,0432	0,0482	0,0512	11.75
12.00	0,0232	0,0254	00,276	0,0300	0,0321	0,0350	0,0376	0,0404	0,0432	0,0461	0,0492	0,0525	12.00

Suite au Tarif de *Cubage au cinquième réduit, à 4 décimales aux produits.*

Longueurs. m. c.	Circonférences en centimètres.												Longueur'. m. c.
	34 0,068	35 0,070	36 0,072	37 0,074	38 0,076	39 0,078	40 0,080	41 0,082	42 0,084	43 0,086	44 0,088	45 0,090	
0.25	0,0012	0,0012	0,0013	0,0014	0,0014	0,0015	0,0016	0,0017	0,0018	0,0018	0,0019	0,0020	0.25
0.50	0,0023	0,002.	0,0026	0,0027	0,0029	0,0030	0,0032	0,0034	0,0035	0,0037	0,0039	0,0040	0.50
0.75	0,0035	0,0037	0,0039	0,0041	0,0043	0,0045	0,0048	0,0050	0,0055	0,0055	0,0058	0,0061	0.75
1.00	0,0046	0,0049	0,0052	0,0055	0,0058	0.0061	0,0064	0,0067	0,0071	0,0074	0,0077	0,0081	1.00
1.25	0,0058	0,0061	0,0065	0,0069	0,0072	0,0076	0,0080	0,0084	0,0089	0,0092	0,0096	0,0101	1.25
1.50	0,0069	0,0073	0,0078	0,0082	0,0087	0,0091	0,0096	0,0101	0,0106	0,0111	0,0116	0,0121	1.50
1.75	0,0081	0,0086	0,0091	0,0096	0,0101	0,0106	0,0112	0,0117	0,0124	0,0129	0,0135	0,0142	1.75
2.00	0,0092	0,0098	0,0104	0,0110	0,0116	0,0122	0,0128	0,0134	0,0141	0,0148	0,0155	0,0162	2.00
2.25	0,0104	0,0110	0,0117	0,0124	0,0130	0,0137	0,0144	0,0151	0,0159	0,0166	0,0174	0,0182	2.25
2.50	0,0115	0,0122	0,0130	0,0137	0,0445	0,0152	0,0460	0,0168	0,0176	0,0183	0,0191	0,0202	2.50
2.75	0,0127	0,0135	0,0143	0,0151	0,0159	0,0167	0,0176	0,0185	0,0194	0,0203	0,0213	0,0225	2.75
3.00	0,0139	0.0147	0,0156	0,0164	0,0173	0,0185	0,0192	0,0202	0,0212	0,0222	0,0232	0,0243	3.00
3.25	0,0151	0,0159	0,0169	0.0178	0,0187	0,0198	0,0208	0,0219	0,0230	0,0240	0,0251	0,0263	3.25
3.50	0,0162	0,0171	0,0182	0,0191	0,0202	0,0213	0,0224	0,0236	0,0447	0,0259	0,0271	0,0285	3.50
3.75	0,0174	0,0184	0,0195	0,0205	0,0216	0,0228	0,0240	0,0252	0,0265	0,0277	0,0290	0,0304	3.75
4.00	0,0185	0,0196	0,0207	0,0219	0,0231	0,0243	0,0256	0,0269	0,0282	0,0296	0,0310	0,0324	4.00
4.25	0,0197	0,0208	0,0220	0,0233	0,0245	0,0258	0,0272	0,0286	0,0300	0,0314	0,0329	0,0344	4.25
4.50	0,0208	0,0220	0,0233	0,0246	0,0260	0,0273	0,0288	0,0303	0,0317	0,0333	0,0349	0,0364	4.50
4.75	0,0220	0,0233	0,0246	0,0260	0,0274	0,0288	0,0304	0,0319	0,0335	0,0351	0,0368	0,0385	4.75
5.00	0,0231	0,0245	0,0259	0,0274	0,0289	0,0304	0,0320	0,0336	0,0353	0,0370	0,0387	0,0405	5.00
5.25	0,0243	0,0257	0,0272	0,0288	0,0303	0,0319	0,0336	0,0353	0,0371	0,0388	0,0406	0,0425	5.25
5.50	0,0254	0,0269	0,0285	0,0301	0,0318	0,0334	0,0352	0,0370	0,0388	0,0407	0,0426	0,0445	5.50
5.75	0,0266	0,0282	0,0298	0,0315	0,0332	0,0319	0,0368	0,0386	0,0406	0,0425	0,0445	0,0466	5.75
6.00	0,0277	0,0294	0,0311	0,0329	0,0347	0,0365	0,0384	0,0405	0,0425	0,0444	0,0465	0,0486	6.00
6.25	0,0289	0,0306	0,0324	0,0343	0,0361	0,0580	0,0400	0,0420	0,0441	0,0462	0,0484	0,0506	6.25
6.50	0,0300	0,0318	0,0337	0,0356	0,0376	0,0395	0,0416	0,0437	0,0458	0,0481	0,0504	0,0526	6.50
6.75	0,0312	0,0351	0,0350	0,0370	0,0390	0,0410	0,0432	0,0454	0,0476	0,0499	0,0525	0,0547	6.75
7.00	0,0324	0,0343	0,0363	0,0385	0,0404	0,0426	0,0448	0,0471	0,0494	0,0518	0,0542	0,0567	7.00
7.25	0,0336	0,0355	0,0376	0,0397	0,0418	0,0441	0,0464	0,0488	0,0512	0,0536	0,0561	0,0587	7.25
7.50	0,0347	0,0367	0,0389	0,0410	0,0433	0,0456	0,0480	0,0505	0,0529	0,0555	0,0581	0,0607	7.50
7.75	0,0359	0,0380	0,0402	0,0424	0,0447	0,0471	0,0496	0,0521	0,0547	0,0573	0,0600	0,0628	7.75
8.00	0,0370	0,0392	0,0415	0,0438	0,0462	0,0487	0,0512	0,0538	0,0564	0,0592	0,0620	0,0648	8.00
8.25	0,0382	0,0404	0,0428	0,0452	0,0476	0,0502	0,0528	0,0555	0,0582	0,0610	0,0639	0,0668	8.25
8.50	0,0393	0,0416	0,0441	0,0465	0,0491	0,0517	0,0544	0,0572	0,0599	0,0629	0,0659	0,0688	8.50
8.75	0,0405	0,0429	0,0454	0,0479	0,0505	0,0532	0,0560	0,0588	0,0617	0,0647	0,0678	0,0709	8.75
9.00	0,0416	0,0441	0,0467	0,0493	0,0520	0,0548	0,0576	0,0605	0,0635	0,0666	0,0697	0,0729	9.00
9.25	0,0428	0,0453	0,0480	0,0507	0,0534	0,0563	0,0592	0,0622	0,0653	0,0684	0,0716	0,0749	9.25
9.50	0,0439	0,0465	0,0493	0,0520	0,0549	0,0578	0 0608	0,0639	0,0670	0,0703	0,0736	0,0769	9.50
9.75	0,0451	0,0478	0,0506	0,0554	0,0563	0,0593	0,0624	0,0655	0,0688	0,0721	0,0755	0,0790	9.75
10.00	0,0462	0,0490	0,0518	0,0548	0,0578	0,0608	0,0640	0,0672	0,0706	0,0740	0,0774	0,0810	10.00
10.25	0,0474	0,0502	0,0531	0,0562	0,0592	0,0623	0,0656	0,0689	0,0724	0,0758	0,0793	0,0830	10.25
10.50	0,0485	0,0514	0,0544	0,0575	0.0607	0,0638	0,0672	0,0706	0,0741	0,0777	0,0813	0,0850	10.50
10.75	0,0497	0,0527	0,0557	0,0589	0,0621	0,0653	0,0688	0,0723	0,0759	0,0795	0,0832	0,0871	10.75
11.00	0,0509	0,0539	0,0570	0,0602	0,0635	0,0669	0,0704	0 0740	0,0776	0,0814	0,0852	0,0891	11.00
11.25	0,0521	0,0551	0,0583	0,0616	0,0649	0,0684	0,0720	0,0757	0,0794	0,0832	0,0871	0,0911	11.25
11.50	0,0532	0,0563	0,0596	0,0629	0,0664	0,0699	0,0736	0,0774	0,0811	0 0851	0,0891	0,0931	11.50
11.75	0,0544	0,0576	0,0609	0,0643	0,0678	0,0714	0,0752	0,0790	0,0829	0,0869	0,0910	0,0952	11.75
12,00	0,0555	0,0588	0,0622	0,0657	0,0693	0,0730	0,0768	00,807	0,0847	0,0888	00,922	0,0972	12.00

44

Suite au Tarif *de Cubage au cinquième réduit, à 4 décimales aux produits.*

Longueurs. m. c.	Circonférences en centimètres.												Longueur². m. c.
	46	47	48	49	50	51	52	53	54	55	56	57	
	0,092	0,094	0,096	0,098	0,100	0,102	0,104	0,106	0,108	0,110	0,112	0,114	
0.25	0,0021	0,0022	0,0023	0,0024	0,0025	0,0026	0,0027	0,0028	0,0029	0,0030	0,0031	0,0032	0.25
0.50	0,0042	0,0044	0,0046	0,0048	0,0050	0,0052	0,0054	0,0056	0,0058	0,0060	0,0063	0,0065	0.50
0.75	0,0063	0,0066	0,0069	0,0072	0,0075	0,0078	0,0081	0,0084	0,0087	0,0091	0,0095	0,0097	0.75
1.00	0,0085	0,0088	0,0092	0,0096	0,0100	0,0104	0,0108	0,0112	0,0117	0,0121	0,0125	0,0130	1.00
1.25	0,0106	0,0110	0,0115	0,0120	0,0125	0,0130	0,0135	0,0140	0,0146	0,0151	0,0156	0,0162	1.25
1.50	0,0127	0,0132	0,0138	0,0144	0,0150	0,0156	0,0162	0,0168	0,0175	0,0181	0,0188	0,0195	1.50
1.75	0,0148	0,0154	0,0161	0,0168	0,0175	0,0182	0,0189	0,0196	0,0204	0,0212	0,0220	0,0227	1.75
2.00	0,0169	0,0177	0,0184	0,0192	0,0200	0,0208	0,0216	0,0225	0,0233	0,0242	0,0251	0,0260	2.00
2.25	0,0190	0,0199	0,0207	0,0216	0,0225	0,0234	0,0243	0,0253	0,0262	0,0272	0,0282	0,0292	2.25
2.50	0,0211	0,0221	0,0230	0,0240	0,0250	0,0260	0,0270	0,0281	0,0291	0,0302	0,0314	0,0325	2.50
2.75	0,0252	0,0243	0,0253	0,0264	0,0275	0,0286	0,0297	0,0309	0,0320	0,0333	0,0346	0,0357	2.75
3.00	0,0254	0,0265	0,0276	0,0288	0,0300	0,0312	0,0324	0,0337	0,0350	0,0363	0,0376	0,0390	3.00
3.25	0,0275	0,0287	0,0299	0,0312	0,0325	0,0338	0,0351	0,0365	0,0379	0,0393	0,0407	0,0422	3.25
3.50	0,0296	0,0309	0,0322	0,0336	0,0350	0,0364	0,0378	0,0393	0,0408	0,0423	0,0439	0,0455	3.50
3.75	0,0317	0,0331	0,0345	0,0360	0,0375	0,0390	0,0405	0,0421	0,0437	0,0454	0,0471	0,0487	3.75
4.00	0,0339	0,0353	0,0369	0,0384	0,0400	0,0416	0,0433	0,0449	0,0467	0,0484	0,0502	0,0520	4.00
4.25	0,0360	0,0375	0,0392	0,0408	0,0425	0,0442	0,0460	0,0477	0,0496	0,0514	0,0533	0,0552	4.25
4.50	0,0381	0,0397	0,0415	0,0432	0,0450	0,0468	0,0487	0,0505	0,0525	0,0544	0,0565	0,0585	4.50
4.75	0,0402	0,0419	0,0438	0,0456	0,0475	0,0494	0,0514	0,0533	0,0554	0,0575	0,0597	0,0617	4.75
5.00	0,0423	0,0442	0,0461	0,0480	0,0500	0,0520	0,0541	0,0562	0,0585	0,0605	0,0627	0,0650	5.00
5.25	0,0444	0,0464	0,0484	0,0504	0,0525	0,0546	0,0568	0,0590	0,0612	0,0635	0,0658	0,0682	5.25
5.50	0,0465	0,0486	0,0507	0,0528	0,0550	0,0572	0,0595	0,0618	0,0644	0,0665	0,0690	0,0715	5.50
5.75	0,0486	0,0508	0,0530	0,0552	0,0575	0,0598	0,0622	0,0646	0,0670	0,0696	0,0722	0,0747	5.75
6.00	0,0508	0,0530	0,0553	0,0576	0,0600	0,0624	0,0649	0,0674	0,0700	0,0726	0,0753	0,0780	6.00
6.25	0,0529	0,0552	0,0576	0,0600	0,0625	0,0650	0,0676	0,0705	0,0 30	0,0758	0,0786	0,0816	0,0845	6.25
6.50	0,0550	0,0574	0,0599	0,0624	0,0650	0,0676	0,0703	0,0730	0,0758	0,0786	0,0816	0,0845	6.50
6.75	0,0571	0,0596	0,0622	0,0648	0,0675	0,0702	0,0730	0,0758	0,0787	0,0817	0,0848	0,0877	6.75
7.00	0,0592	0,0619	0,0645	0,0672	0,0700	0,0728	0,0757	0,0787	0,0816	0,0847	0,0878	0,0910	7.00
7.25	0,0613	0,0641	0,0668	0,0696	0,0725	0,0754	0,0784	0,0815	0,0845	0,0877	0,0909	0,0942	7.25
7.50	0,0634	0,0663	0,0691	0,0720	0,0750	0,0780	0,0811	0,0843	0,0874	0,0907	0,0941	0,0975	7.50
7.75	0,0655	0,0685	0,0714	0,0744	0,0775	0,0806	0,0838	0,0871	0,0903	0,0938	0,0973	0,1007	7.75
8.00	0,0677	0,0707	0,0737	0,0768	0,0800	0,0832	0,0865	0,0899	0,0933	0,0968	0,1004	0,1040	8.00
8.25	0,0698	0,0729	0,0760	0,0792	0,0825	0,0858	0,0892	0,0927	0,0962	0,0998	0,1035	0,1072	8.25
8.50	0,0719	0,0751	0,0783	0,0816	0,0850	0,0884	0,0919	0,0955	0,0991	0,1028	0,1067	0,1105	8.50
8.75	0,0740	0,0773	0,0806	0,0840	0,0875	0,0910	0,0946	0,0983	0,1020	0,1059	0,1099	0,1137	8.75
9.00	0,0762	0,0795	0,0829	0,0864	0,0900	0,0936	0,0973	0,1011	0,1050	0,1089	0,1129	0,1170	9.00
9.25	0,0783	0,0817	0,0852	0,0888	0,0925	0,0962	0,1000	0,1039	0,1079	0,1119	0,1160	0,1202	9.25
9.50	0,0804	0,0839	0,0875	0,0912	0,0950	0,0988	0,1027	0,1067	0,1108	0,1149	0,1192	0,1235	9.50
9.75	0,0825	0,0861	0,0898	0,0936	0,0975	0,1014	0,1054	0,1095	0,1137	0,1180	0,1224	0,1267	9.75
10.00	0,0846	0,0884	0,0922	0,0960	0,1000	0,1040	0,1082	0,1124	0,1166	0,1210	0,1254	0,1300	10.00
10.25	0,0867	0,0906	0,0945	0,0984	0,1025	0,1066	0,1109	0,1152	0,1195	0,1240	0,1285	0,1332	10.25
10.50	0,0888	0,0928	0,0968	0,1008	0,1050	0,1092	0,1136	0,1180	0,1224	0,1270	0,1317	0,1365	10.50
10.75	0,0909	0,0950	0,0991	0,1032	0,1075	0,1118	0,1163	0,1208	0,1253	0,1301	0,1349	0,1397	10.75
11.00	0,0931	0,0972	0,1014	0,1056	0,1100	0,1144	0,1190	0,1236	0,1283	0,1531	0,1380	0,1430	11.00
11.25	0,0952	0,0994	0,1037	0,1080	0,1125	0,1170	0,1217	0,1264	0,1312	0,1361	0,1411	0,1462	11.25
11.50	0,0973	0,1016	0,1060	0,1104	0,1150	0,1196	0,1244	0,1292	0,1341	0,1391	0,1443	0,1495	11.50
11.75	0,0994	0,1038	0,1083	0,1128	0,1175	0,1222	0,1271	0,1320	0,1370	0,1422	0,1475	0,1527	11.75
12.00	0,1016	0,1060	0,1106	0,1152	0,1200	0,1248	0,1298	0,1348	0,1400	0,1452	0,1505	0,1560	12.00

SUITE AU TARIF de Cubage au cinquième réduit, à 3 décimales aux produits.

Longueurs. m. c.	Circonférences en centimètres.														Longueur. m. c.
	58 0,116	59 0,118	60 0,120	61 0,122	62 0,124	63 0,126	64 0,128	65 0,130	66 0,132	67 0,134	68 0,136	69 0,138	70 0,140	71 0,142	
0.25	0,003	0,003	0,004	0,004	0,004	0,004	0,004	0,004	0,004	0,004	0,005	0,005	0,005	0,005	0.25
0.50	0,007	0,007	0,007	0,007	0,008	0,008	0,008	0,008	0,009	0,009	0,009	0,009	0,010	0,010	0.50
0.75	0,010	0,010	0,011	0,011	0,011	0,012	0,012	0,013	0,013	0,013	0,014	0,014	0,015	0,015	0.75
1.00	0,013	0,014	0,014	0,015	0,015	0,016	0,016	0,017	0,017	0,018	0,018	0,019	0,020	0,020	1.00
1.25	0,017	0,017	0,018	0,019	0,019	0,020	0,020	0,021	0,022	0,022	0,025	0,024	0,024	0,025	1.25
1.50	0,020	0,021	0,022	0,022	0,023	0,024	0,025	0,025	0,026	0,027	0,028	0,028	0,029	0,030	1.50
1.75	0,024	0,024	0,025	0,026	0,027	0,028	0,029	0,030	0,030	0,031	0,032	0,033	0,034	0,035	1.75
2.00	0,027	0,028	0,029	0,030	0,031	0,032	0,033	0,034	0,035	0,036	0,037	0,038	0,039	0,040	2.00
2.25	0,030	0,031	0,032	0,033	0,035	0,036	0,037	0,038	0,039	0,040	0,042	0,043	0,044	0,045	2.25
2.50	0,034	0,035	0,036	0,037	0,038	0,040	0,041	0,042	0,043	0,045	0,046	0,048	0,049	0,050	2.50
2.75	0,037	0,038	0,040	0,041	0,042	0,044	0,045	0,046	0,048	0,049	0,051	0,052	0,054	0,055	2.75
3.00	0,040	0,042	0,043	0,045	0,046	0,048	0,049	0,051	0,052	0,054	0,055	0,057	0,059	0,060	3.00
3.25	0,044	0,045	0,047	0,048	0,050	0,052	0,053	0,055	0,057	0,058	0,060	0,062	0,064	0,065	3.25
3.50	0,047	0,049	0,050	0,052	0,054	0,055	0,057	0,059	0,061	0,063	0,065	0,067	0,069	0,070	3.50
3.75	0,050	0,052	0,054	0,056	0,058	0,059	0,061	0,063	0,065	0,067	0,069	0,071	0,074	0,076	3.75
4.00	0,054	0,056	0,058	0,059	0,061	0,063	0,065	0,068	0,070	0,072	0,074	0,076	0,078	0,081	4.00
4.25	0,057	0,059	0,061	0,063	0,065	0,067	0,070	0,072	0,074	0,076	0,079	0,081	0,083	0,086	4.25
4.50	0,060	0,063	0,065	0,067	0,069	0,071	0,074	0,076	0,078	0,081	0,083	0,086	0,088	0,091	4.50
4.75	0,064	0,066	0,068	0,071	0,073	0,075	0,078	0,080	0,083	0,085	0,088	0,090	0,093	0,096	4.75
5.00	0,067	0,070	0,072	0,074	0,077	0,079	0,082	0,084	0,087	0,090	0,092	0,095	0,098	0,101	5.00
5.25	0,071	0,073	0,076	0,078	0,081	0,083	0,086	0,089	0,091	0,094	0,097	0,100	0,103	0,106	5.25
5.50	0,074	0,077	0,079	0,082	0,085	0,087	0,090	0,093	0,096	0,099	0,102	0,105	0,108	0,111	5.50
5.75	0,077	0,080	0,083	0,086	0,088	0,091	0,094	0,097	0,100	0,103	0,106	0,109	0,113	0,116	5.75
6.00	0,081	0,083	0,086	0,089	0,092	0,095	0,098	0,101	0,104	0,108	0,111	0,114	0,118	0,121	6.00
6.25	0,084	0,087	0,090	0,093	0,096	0,099	0,102	0,106	0,109	0,112	0,116	0,119	0,122	0,126	6.25
6.50	0,087	0,090	0,094	0,097	0,100	0,103	0,106	0,110	0,113	0,117	0,120	0,124	0,127	0,131	6.50
6.75	0,091	0,094	0,097	0,100	0,104	0,107	0,111	0,114	0,118	0,121	0,125	0,129	0,132	0,136	6.75
7.00	0,094	0,097	0,101	0,104	0,108	0,111	0,115	0,118	0,122	0,126	0,129	0,133	0,137	0,141	7.00
7.25	0,098	0,101	0,104	0,108	0,111	0,115	0,119	0,122	0,126	0,130	0,134	0,138	0,142	0,146	7.25
7.50	0,101	0,104	0,108	0,112	0,115	0,119	0,123	0,127	0,131	0,135	0,139	0,143	0,147	0,151	7.50
7.75	0,104	0,108	0,112	0,115	0,119	0,123	0,127	0,131	0,135	0,139	0,143	0,148	0,152	0,156	7.75
8.00	0,108	0,111	0,115	0,119	0,123	0,127	0,131	0,135	0,139	0,144	0,148	0,152	0,157	0,161	8.00
8.25	0,111	0,115	0,119	0,123	0,127	0,131	0,135	0,139	0,144	0,149	0,153	0,157	0,162	0,166	8.25
8.50	0,114	0,118	0,122	0,126	0,131	0,135	0,139	0,144	0,148	0,153	0,157	0,162	0,167	0,171	8.50
8.75	0,118	0,122	0,126	0,130	0,134	0,139	0,143	0,148	0,152	0,157	0,162	0,167	0,171	0,176	8.75
9.00	0,121	0,125	0,130	0,134	0,138	0,143	0,147	0,152	0,157	0,162	0,166	0,171	0,176	0,181	9.00
9.25	0,124	0,129	0,133	0,138	0,142	0,147	0,152	0,156	0,161	0,166	0,171	0,176	0,181	0,186	9.25
9.50	0,128	0,132	0,137	0,141	0,146	0,151	0,156	0,160	0,165	0,171	0,176	0,181	0,186	0,191	9.50
9.75	0,131	0,136	0,140	0,145	0,150	0,155	0,160	0,165	0,170	0,175	0,180	0,186	0,191	0,197	9.75
10.00	0,135	0,139	0,144	0,149	0,154	0,159	0,164	0,169	0,174	0,180	0,185	0,190	0,196	0,202	10.00
10.25	0,138	0,143	0,148	0,152	0,158	0,163	0,168	0,173	0,179	0,184	0,190	0,195	0,201	0,207	10.25
10.50	0,141	0,146	0,151	0,156	0,161	0,167	0,172	0,177	0,183	0,189	0,194	0,200	0,206	0,212	10.50
10.75	0,145	0,150	0,155	0,160	0,165	0,171	0,176	0,182	0,187	0,193	0,199	0,205	0,211	0,217	10.75
11.00	0,148	0,153	0,158	0,164	0,169	0,175	0,180	0,186	0,192	0,197	0,203	0,209	0,216	0,222	11.00
11.25	0,151	0,157	0,162	0,167	0,173	0,179	0,184	0,190	0,196	0,202	0,208	0,214	0,220	0,227	11.25
11.50	0,155	0,160	0,166	0,171	0,177	0,182	0,188	0,194	0,200	0,206	0,213	0,219	0,225	0,232	11.50
11.75	0,158	0,164	0,169	0,175	0,181	0,186	0,192	0,199	0,205	0,211	0,217	0,224	0,230	0,237	11.75
12.00	0,061	0,167	0,173	0,179	0,184	0,190	0,197	0,203	0,209	0,215	0,222	0,228	0,235	0,242	12.00

SUITE AU TARIF *de Cubage au cinquième réduit, à 3 décimales aux produits.*

Longueurs. m. c.	Circonférences en centimètres.														Longueurs. c. m.
	72	73	74	75	76	77	78	79	80	81	82	83	84	85	
	0,144	0,146	0,148	0,150	0,152	0,154	0,156	0,158	0,160	0,162	0,164	0,166	0,168	1,170	
0.25	0,003	0,003	0,005	0,006	0,006	0,006	0,006	0,006	0,006	0,007	0,007	0,007	0,007	0,007	0.25
0.50	0,010	0,011	0,011	0,011	0,012	0,012	0,012	0,012	0,013	0,013	0,013	0,014	0,014	0,014	0.50
0.75	0,016	0,016	0,016	0,017	0,017	0,018	0,018	0,019	0,019	0,020	0,020	0,021	0,021	0,022	0.75
1.00	0,021	0,021	0,022	0,022	0,023	0,024	0,024	0,025	0,026	0,026	0,027	0,028	0,028	0,029	1.00
1.25	0,026	0,027	0,027	0,028	0,029	0,030	0,030	0,031	0,032	0,033	0,034	0,035	0,036	0,036	1.25
1.50	0,031	0,032	0,033	0,034	0,035	0,036	0,036	0,037	0,038	0,039	0,040	0,041	0,042	0,043	1.50
1.75	0,036	0,037	0,038	0,039	0,040	0,041	0,043	0,044	0,045	0,046	0,047	0,048	0,049	0,051	1.75
2.00	0,041	0,043	0,044	0,045	0,046	0,047	0,049	0,050	0,051	0,052	0,054	0,055	0,056	0,058	2.00
2.25	0,047	0,048	0,049	0,051	0,052	0,053	0,055	0,056	0,058	0,059	0,060	0,062	0,063	0,065	2.25
2.50	0,052	0,055	0,055	0,056	0,058	0,059	0,061	0,062	0,064	0,066	0,067	0,069	0,070	0,072	2.50
2.75	0,057	0,059	0,060	0,062	0,063	0,065	0,067	0,069	0,070	0,072	0,074	0,076	0,078	0,079	2.75
3.00	0,062	0,064	0,066	0,067	0,069	0,071	0,073	0,075	0,077	0,079	0,081	0,083	0,085	0,087	3.00
3.25	0,067	0,069	0,071	0,073	0,075	0,077	0,079	0,081	0,083	0,085	0,087	0,090	0,092	0,094	3.25
3.50	0,073	0,075	0,077	0,079	0,081	0,083	0,085	0,087	0,090	0,092	0,094	0,096	0,099	0,101	3.50
3.75	0,078	0,080	0,082	0,084	0,087	0,089	0,091	0,094	0,096	0,098	0,101	0,103	0,106	0,108	3.75
4.00	0,083	0,085	0,088	0,090	0,092	0,093	0,097	0,100	0,102	0,105	0,108	0,110	0,113	0,116	4.00
4.25	0,088	0,090	0,093	0,096	0,098	0,101	0,103	0,106	0,109	0,112	0,114	0,117	0,120	0,123	4.25
4.50	0,093	0,096	0,099	0,101	0,104	0,107	0,109	0,112	0,115	0,118	0,121	0,124	0,127	0,130	4.50
4.75	0,098	0,101	0,104	0,107	0,110	0,113	0,116	0,119	0,122	0,125	0,128	0,131	0,134	0,137	4.75
5.00	0,104	0,107	0,109	0,112	0,115	0,119	0,122	0,125	0,128	0,131	0,134	0,138	0,141	0,144	5.00
5.25	0,109	0,112	0,115	0,118	0,121	0,124	0,129	0,131	0,134	0,138	0,141	0,145	0,148	0,152	5.25
5.50	0,114	0,117	0,120	0,124	0,127	0,130	0,134	0,137	0,141	0,144	0,148	0,152	0,155	0,159	5.50
5.75	0,110	0,123	0,126	0,129	0,133	0,136	0,140	0,143	0,147	0,151	0,155	0,158	0,162	0,166	5.75
6.00	0,124	0,128	0,131	0,135	0,139	0,142	0,146	0,150	0,154	0,157	0,161	0,165	0,169	0,173	6.00
6.25	0,130	0,133	0,137	0,141	0,144	0,148	0,152	0,156	0,160	0,164	0,168	0,172	0,176	0,181	6.25
6.50	0,135	0,139	0,142	0,146	0,150	0,154	0,158	0,162	0,166	0,171	0,175	0,179	0,183	0,188	6.50
6.75	0,140	0,144	0,148	0,152	0,156	0,160	0,164	0,168	0,173	0,177	0,182	0,186	0,190	0,195	6.75
7.00	0,145	0,149	0,153	0,157	0,162	0,166	0,170	0,175	0,179	0,184	0,188	0,193	0,198	0,202	7.00
7.25	0,150	0,154	0,159	0,163	0,167	0,172	0,176	0,181	0,186	0,190	0,195	0,200	0,205	0,209	7.25
7.50	0,156	0,160	0,164	0,169	0,173	0,178	0,183	0,187	0,192	0,197	0,202	0,207	0,212	0,207	7.50
7.75	0,161	0,165	0,170	0,174	0,179	0,184	0,189	0,193	0,198	0,203	0,208	0,214	0,219	0,214	7.75
8.00	0,166	0,170	0,175	0,180	0,185	0,190	0,195	0,200	0,205	0,210	0,215	0,220	0,226	0,231	8.00
8.25	0,171	0,176	0,181	0,186	0,191	0,196	0,201	0,206	0,211	0,217	0,222	0,227	0,233	0,238	8.25
8.50	0,176	0,181	0,186	0,191	0,196	0,202	0,207	0,212	0,218	0,223	0,229	0,234	0,240	0,246	8.50
8.75	0,181	0,186	0,192	0,197	0,202	0,207	0,213	0,218	0,224	0,230	0,235	0,241	0,247	0,255	8.75
9.00	0,187	0,192	0,197	0,202	0,208	0,213	0,219	0,225	0,230	0,236	0,242	0,248	0,254	0,260	9.00
9.25	0,192	0,197	0,203	0,208	0,214	0,219	0,225	0,231	0,237	0,243	0,249	0,255	0,261	0,267	9.25
9.50	0,197	0,202	0,208	0,214	0,219	0,225	0,231	0,237	0,243	0,249	0,255	0,262	0,268	0,274	9.50
9.75	0,202	0,208	0,213	0,219	0,225	0,231	0,237	0,243	0,250	0,256	0,262	0,269	0,275	0,282	9.75
10.00	0,207	0,213	0,219	0,225	0,231	0,237	0,243	0,250	0,256	0,262	0,269	0,276	0,282	0,289	10.00
10.25	0,213	0,218	0,224	0,231	0,237	0,243	0,249	0,256	0,262	0,269	0,276	0,282	0,289	0,296	10.25
10.50	0,218	0,224	0,230	0,236	0,243	0,249	0,256	0,262	0,269	0,275	0,282	0,289	0,296	0,303	10.50
10.75	0,223	0,229	0,235	0,242	0,248	0,255	0,262	0,268	0,275	0,282	0,289	0,296	0,303	0,311	10.75
11.00	0,228	0,234	0,241	0,247	0,254	0,261	0,258	0,275	0,282	0,289	0,296	0,303	0,310	0,318	11.00
11.25	0,233	0,240	0,246	0,253	0,260	0,267	0,267	0,281	0,288	0,295	0,303	0,310	0,318	0,325	11.25
11.50	0,238	0,245	0,252	0,259	0,266	0,273	0,280	0,287	0,294	0,302	0,309	0,317	0,325	0,332	11.50
11.75	0,244	0,250	0,257	0,264	0,271	0,279	0,285	0,293	0,301	0,308	0,316	0,324	0,332	0,340	11.75
12.00	0,249	0,256	0,293	0,270	0,277	0,285	0,262	0,300	0,307	0,315	0,323	0,331	0,359	0,347	12.00

Suite au Tarif *de Cubage au cinquième réduit , à 3 décimales aux produits.*

Lon-gueurs. m. c.	Circonférences en centimètres.														Lon-gueur. m. c.
	86 0,172	87 0,174	88 0,176	89 0,178	90 0,180	91 0,182	92 0,184	93 0,186	94 0,188	95 0,190	96 0,192	97 0,194	98 0,196	99 0,198	
0.25	0,007	0,008	0,008	0,008	0,008	0,008	0,008	0,009	0,009	0,009	0,009	0,009	0,010	0,010	0.25
0.50	0,015	0,015	0,015	0,016	0,016	0,017	0,017	0,017	0,018	0,018	0,018	0,019	0,019	0,020	0.50
0.75	0,022	0,023	0,023	0,024	0,024	0,025	0,025	0,026	0,026	0,027	0,028	0,028	0,029	0,029	0.75
1.00	0.030	0,030	0,031	0,032	0,032	0,033	0,034	0.035	0,035	0,036	0,037	0,038	0,038	0,039	1.00
1.25	0,037	0,038	0,039	0,040	0,040	0,041	0,042	0,043	0,044	0,045	0,046	0,047	0,048	0,049	1.25
1.50	0,044	0,045	0,046	0,047	0,049	0,050	0,051	0,052	0,053	0,054	0,055	0,056	0,058	0,059	1.50
1.75	0,052	0,053	0,054	0,055	0,057	0,058	0,059	0,060	0,062	0,063	0,064	0,066	0,067	0,069	1.75
2.00	0,059	0,061	0,062	0,063	0,065	0,066	0,068	0,069	0,071	0,072	0,074	0,075	0,077	0,078	2.00
2.25	0,067	0,068	0,070	0,071	0,073	0,074	0,076	0,078	0,079	0,081	0,083	0,085	0,086	0,088	2.25
2.50	0,074	0,076	0,077	0,079	0,081	0,083	0,085	0,086	0,088	0,090	0.092	0,094	0,096	0,098	2.50
2.75	0,081	0,083	0,085	0,087	0,089	0,091	0,093	0,095	0,097	0,099	0,101	0,103	0,106	0,108	2.75
3.00	0,089	0,091	0,095	0,095	0,097	0,099	0,102	0,104	0,106	0,108	0,111	0,113	0,115	0,118	3.00
3.25	0,096	0,098	0,101	0,103	0,105	0,108	0,110	0,112	0,115	0,117	0,120	0,122	0,125	0,127	3.25
3.50	0,104	0,106	0,108	0,111	0,113	0,116	0,118	0,121	0,124	0,126	0,129	0,132	0,134	0,137	3.50
3.75	0,111	0,114	0,116	0,119	0,121	0,124	0,127	0,130	0,132	0,135	0,138	0,141	0,144	0,147	3.75
4.00	0,118	0,121	0,124	0,127	0,130	0,132	0,135	0,138	0,141	0,144	0,147	0,150	0,154	0,157	4.00
4.25	0,126	0,129	0,132	0,135	0,138	0,141	0,144	0,147	0,150	0,153	0,157	0,160	0,163	0,167	4.25
4.50	0,133	0,136	0,139	0,142	0,146	0,149	0,152	0,156	0,159	0,162	0,166	0,169	0,173	0,176	4.50
4.75	0,140	0,194	0,147	0,150	0,154	0,157	0,161	0,164	0,168	0,171	0,175	0,179	0,182	0,186	4.75
5.00	0,148	0,151	0,155	0,158	0,162	0,166	0,169	0,173	0,177	0,180	0,184	0,188	0,192	0,196	5.00
5.25	0,155	0,159	0,163	0,166	0,170	0,174	0,178	0,182	0,185	0,189	0,193	0,198	0,202	0,206	5.25
5.50	0,163	0,166	0,170	0,174	0,178	0,182	0,186	0,190	0,194	0,198	0,203	0,207	0,211	0,216	5.50
5.75	0,170	0,174	0,178	0,182	0,186	0,190	0,195	0,199	0,203	0,207	0,212	0,216	0,221	0,225	5.75
6.00	0,177	0,182	0,186	0,190	0,194	0,199	0,203	0,208	0,212	0,216	0.221	0,226	0,230	0,235	6.00
6.25	0,185	0,189	0,194	0,198	0,202	0.207	0,212	0,216	0,221	0,226	0,230	0,235	0,240	0,245	6.25
6.50	0,192	0,197	0,201	0,206	0,211	0,215	0,220	0,225	0,230	0,235	0,240	0,245	0,250	0,255	6.50
6.75	0,200	0,204	0,209	0,214	0,219	0,224	0,228	0,234	0,239	0,244	0,249	0,254	0,259	0,265	6.75
7.00	0,207	0,212	0,217	0,222	0,227	0,232	0,237	0,242	0,247	0,253	0,258	0,263	0,269	0,274	7.00
7.25	0,214	0,220	0,224	0,230	0,235	0,240	0,245	0,251	0,256	0,262	0,267	0,273	0,278	0,284	7.25
7.50	0,222	0,227	0,232	0,238	0,243	0,248	0,254	0,259	0,265	0,271	0,276	0,282	0,288	0,294	7.50
7.75	0,229	0,235	0,240	0,246	0,251	0,257	0,262	0,268	0,274	0,280	0,286	0,292	0,298	0,304	7.75
8.00	0,237	0,242	0,248	0,253	0,259	0,265	0,271	0,277	0,283	0,289	0,295	0,301	0,307	0,314	8.00
8.25	0,244	0,250	0,255	0,261	0,267	0,273	0,279	0,285	0,292	0,298	0,304	0,310	0,317	0,323	8.25
8.50	0,231	0,257	0,263	0,269	0,275	0,282	0,288	0,294	0,500	0,307	0,313	0,320	0,326	0,333	8.50
8.75	0,259	0,265	0,271	0,277	0,283	0,290	0,296	0,505	0,509	0,316	0,322	0,329	0,336	0,343	8.75
9.00	0,266	0,272	0,279	0,285	0,292	0,298	0,305	0,311	0,318	0,325	0,332	0,339	0,346	0,353	9.00
9.25	0,274	0,280	0,286	0,293	0,300	0,306	0,313	0,320	0,327	0,334	0,341	0,348	0,355	0,363	9.25
9.50	0,281	0,288	0,294	0,301	0,308	0,315	0,322	0,329	0,336	0,343	0,350	0,357	0,365	0,372	9.50
9.75	0,288	0,295	0,302	0,309	0,316	0,323	0,330	0,337	0,345	0,352	0,359	0,367	0,374	0,382	9.75
10.00	0,296	0,503	0,310	0,317	0,324	0.331	0,339	0,346	0,353	0,361	0,369	0,376	0,384	0,392	10.00
10.25	0,303	0,310	0,317	0,325	0,332	0,340	0,347	0,355	0,362	0,570	0,378	0,386	0,594	0,402	10.25
10.50	0,311	0,318	0,325	0,333	0,340	0,348	0,355	0,363	0,371	0,379	0,387	0,395	0,403	0,412	10.50
10.75	0.318	0,325	0,333	0,341	0,348	0,356	0,364	0,372	0,380	0,388	0,396	0,405	0,413	0,421	10.75
11.00	0,325	0,333	0,341	0,348	0,356	0,364	0,372	0,381	0,389	0,597	0,405	0,414	0,423	0,431	11.00
11.25	0,333	0,341	0,348	0,356	0,364	0,373	0,381	0,389	0,398	0,406	0,415	0,425	0,432	0,441	11.25
11.50	0,340	0.348	0,356	0,364	0,373	0,381	0,389	0,398	0,406	0,415	0,424	0,433	0,442	0,451	11.50
11.75	0,348	0,356	0,364	0,372	0,381	0,389	0,398	0,406	0,415	0,424	0,433	0,442	0,451	0,461	11.75
12.00	0,355	0,363	0,372	0,380	0,389	0,397	0,406	0,415	0,424	0,433	0,442	0,452	0,461	0,470	12.00

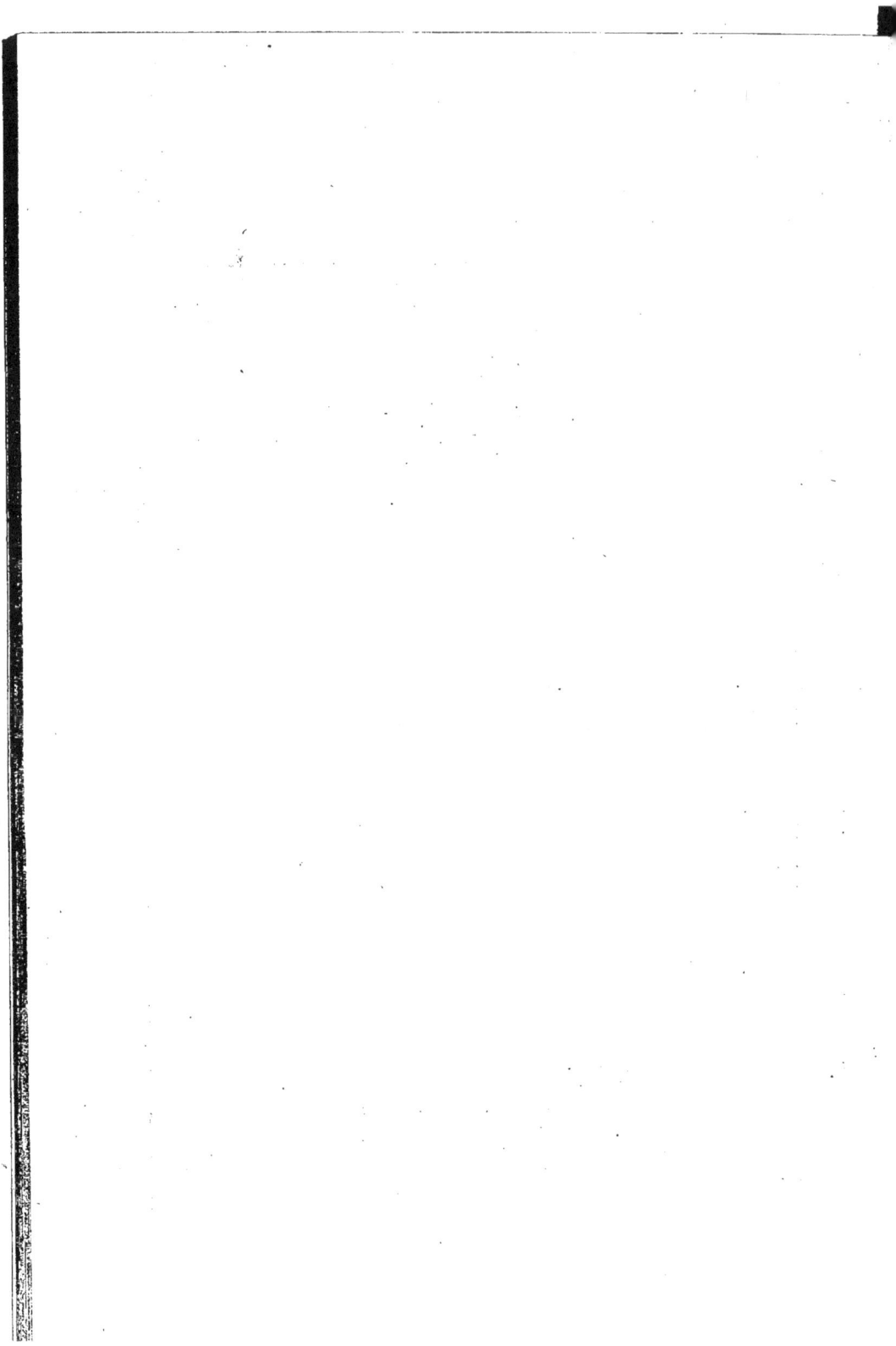

SUITE AU TARIF *de Cubage au cinquième réduit, à 2 décimales aux produits.*

Circonférences en centimètres.

Long. des bill.	100 0,200 80	101	102	103 0,210	104	105 0,210 84	106	107	108	109	110 0,220 88	111	112	113	114	115 0,230 92	116	117	118	119	120 0,240 96	121	122	123	124	125 0,250 100	126	127	128	129	Long. des bill.
0.25	0,01	»	»	»	»	0,01	»	»	»	»	0,01	»	»	»	»	0,01	»	»	»	»	0,01	»	»	1	1	0,02	»	»	»	»	0.25
0.50	0,02	»	»	»	»	0,02	»	»	»	»	0,02	1	1	1	»	0,03	»	»	»	»	0,03	»	»	1	1	0,03	»	»	»	»	0.50
0.75	0,03	»	»	»	»	0,03	»	»	»	1	0,04	»	»	»	»	0,04	»	»	»	»	0,04	»	»	1	1	0,05	»	»	»	»	0.75
1.00	0,04	»	»	»	»	0,04	1	1	1	1	0,05	»	»	»	»	0,05	»	»	1	1	0,06	»	»	»	»	0,06	»	»	1	1	1.00
1.25	0,05	»	»	»	»	0,06	»	»	»	»	0,06	»	»	»	»	0,07	»	»	»	»	0,07	»	»	1	1	0,08	»	»	»	»	1.25
1.50	0,06	»	»	»	»	0,07	»	»	»	»	0,07	»	1	1	1	0,08	»	»	»	»	0,09	»	»	»	»	0,09	1	1	1	1	1.50
1.75	0,07	»	»	»	1	0,08	»	»	»	»	0,08	1	1	1	1	0,09	»	1	1	1	0,10	»	»	1	1	0,11	»	»	»	»	1.75
2.00	0,08	»	»	»	1	0,09	»	»	»	»	0,10	»	»	»	»	0,11	»	»	»	»	0,12	»	»	»	»	0,13	»	»	»	»	2.00
2.25	0,09	»	»	1	1	0,10	»	»	1	1	0,11	»	»	»	1	0,12	»	»	1	1	0,13	»	1	1	1	0,14	»	1	1	1	2.25
2.50	0,10	»	»	1	1	0,11	»	1	1	1	0,12	1	1	1	1	0,13	1	1	1	1	0,14	1	1	1	1	0,16	»	»	»	1	2.50
2.75	0,11	»	»	1	1	0,12	»	1	1	1	0,13	1	1	1	1	0,13	»	»	»	1	0,16	»	1	1	1	0,17	»	1	1	1	2.75
3.00	0,12	»	»	1	1	0,13	»	1	1	1	0,15	»	»	»	1	0,16	»	»	1	1	0,17	1	1	1	1	0,19	»	»	1	1	3.00
3.25	0,13	»	1	1	1	0,14	1	1	1	1	0,16	»	»	1	1	0,17	1	1	1	1	0,19	1	1	1	2	0,20	1	1	1	1	3.25
3.50	0,14	»	1	1	1	0,15	1	1	1	2	0,17	»	1	1	1	0,19	1	1	1	1	0,20	1	1	1	2	0,22	1	1	1	1	3.50
3.75	0,15	»	1	1	1	0,17	»	1	1	1	0,18	»	1	1	1	0,20	1	1	1	1	0,22	»	1	1	1	0,23	1	1	2	2	3.75
4.00	0,16	»	1	1	1	0,18	»	»	1	1	0,19	1	1	1	2	0,21	1	1	1	2	0,23	»	1	1	2	0,25	»	1	1	2	4.00
4.25	0,17	»	1	1	1	0,19	»	1	1	1	0,21	»	»	1	1	0,22	1	1	2	2	0,24	1	1	2	2	0,27	»	»	1	1	4.25
4.50	0,18	»	1	1	1	0,20	»	1	1	1	0,22	»	»	1	1	0,24	1	1	1	2	0,26	1	1	1	2	0,28	1	1	1	2	4.50
4.75	0,19	»	1	1	1	0,21	»	1	1	2	0,23	»	1	1	2	0,25	1	1	1	2	0,27	1	1	1	2	0,30	»	1	1	2	4.75
5.00	0,20	»	1	1	2	0,22	»	1	1	2	0,24	1	1	2	2	0,26	1	1	2	2	0,29	»	1	1	2	0,31	1	1	2	2	5.00
5.25	0,21	»	1	1	2	0,23	1	1	1	2	0,25	1	1	2	2	0,28	»	1	1	2	0,30	1	1	2	2	0,33	»	1	1	2	5.25
5.50	0,22	»	1	1	2	0,24	1	1	2	2	0,27	1	1	2	2	0,29	1	1	2	2	0,32	»	1	1	2	0,34	1	1	2	3	5.50
5.75	0,23	»	1	1	2	0,25	1	1	2	2	0,28	1	1	2	2	0,30	1	1	2	3	0,33	1	1	2	2	0,36	1	1	2	2	5.75
6.00	0,24	»	1	1	2	0,26	1	1	1	2	0,29	1	1	2	3	0,32	»	1	1	2	0,33	1	1	2	2	0,38	»	1	2	2	6.00
6.25	0,25	»	1	2	2	0,28	»	1	1	2	0,30	1	1	2	2	0,33	1	1	2	2	0,36	1	1	2	2	0,39	1	1	2	3	6.25
6.50	0,26	»	1	2	2	0,29	»	1	1	2	0,31	1	2	2	3	0,34	1	2	2	3	0,37	1	2	2	3	0,41	»	1	2	2	6.50
6.75	0,27	1	1	2	2	0,30	»	1	1	2	0,33	»	1	1	2	0,36	»	1	2	2	0,39	1	1	2	3	0,42	1	2	2	3	6.75
7.00	0,28	1	1	2	2	0,31	»	1	2	2	0,34	»	1	2	2	0,37	1	1	2	3	0,40	1	2	2	3	0,44	»	1	2	3	7.00
7.25	0,29	1	1	2	2	0,32	1	1	2	2	0,35	1	1	2	3	0,38	1	2	2	3	0,42	»	1	2	3	0,45	1	2	3	3	7.25
7.50	0,30	1	1	2	2	0,33	1	1	2	3	0,36	1	2	2	3	0,40	»	1	2	2	0,43	1	2	2	3	0,47	1	2	3	3	7.50
7.75	0,31	1	1	2	2	0,34	1	1	2	3	0,38	»	1	2	2	0,41	1	1	2	3	0,45	»	1	2	3	0,48	1	2	3	4	7.75
8.00	0,32	1	1	2	3	0,35	1	2	2	3	0,39	»	1	2	3	0,42	1	2	3	3	0,46	1	2	2	3	0,50	1	2	2	3	8.00
8.25	0,33	1	1	2	3	0,36	1	2	2	3	0,40	1	1	2	3	0,45	»	1	2	3	0,48	1	2	2	3	0,52	»	1	2	3	8.25
8.50	0,34	1	1	2	3	0,37	1	2	3	3	0,41	1	2	2	3	0,45	1	2	2	3	0,49	1	2	2	3	0,53	1	2	3	3	8.50
8.75	0,35	1	1	2	3	0,39	»	1	2	3	0,42	1	2	3	3	0,46	1	2	3	4	0,50	1	2	3	4	0,55	1	1	2	3	8.75
9.00	0,36	1	1	2	3	0,40	»	1	2	3	0,44	0	1	2	3	0,48	»	1	2	3	0,52	1	2	2	3	0,56	1	2	3	4	9.00
9.25	0,37	1	1	2	3	0,41	1	1	2	3	0,45	1	1	2	3	0,49	1	2	3	3	0,53	1	2	3	4	0,58	1	2	3	4	9.25
9.50	0,38	1	2	2	3	0,41	1	2	2	3	0,46	1	2	3	3	0,50	1	2	3	3	0,55	1	2	2	3	0,59	1	2	3	4	9.50
9.75	0,39	1	2	2	3	0,43	1	2	2	3	0,47	1	2	3	4	0,52	»	1	2	3	0,56	1	2	3	4	0,61	1	2	2	4	9.75
10.00	0,40	1	2	2	3	0,44	1	2	3	4	0,48	1	2	3	4	0,53	1	2	3	4	0,58	1	2	3	4	0,63	1	2	3	4	10.00
10.25	0,41	1	2	3	3	0,45	1	2	3	4	0,50	1	1	2	3	0,54	1	2	3	4	0,59	1	2	3	4	0,64	1	2	3	4	10.25
10.50	0,42	1	2	3	3	0,46	1	2	3	4	0,51	1	2	3	4	0,56	1	2	2	3	0,60	1	3	4	5	0,66	1	2	3	4	10.50
10.75	0,43	1	2	3	3	0,47	1	2	3	4	0,52	1	2	3	4	0,57	1	2	3	4	0,62	1	2	3	4	0,67	1	2	3	5	10.75
11.00	0,44	1	2	3	4	0,49	»	1	2	3	0,53	1	2	3	4	0,58	1	2	3	4	0,63	1	2	4	5	0,63	1	2	3	4	11.00
11.25	0,45	1	2	3	4	0,50	1	1	2	3	0,54	1	2	3	4	0,60	1	2	3	4	0,65	1	2	3	4	0,70	1	3	4	5	11.25
11.50	0,46	1	2	3	4	0,51	1	2	3	4	0,56	1	2	3	4	0,61	1	2	3	4	0,66	1	2	4	5	0,72	1	2	3	5	11.50
11.75	0,47	1	2	3	4	0,52	1	2	3	4	0,57	1	2	3	4	0,62	1	2	3	5	0,68	1	2	3	4	0,73	2	3	4	5	11.75
12.00	0,48	1	2	3	4	0,53	1	2	3	4	0,58	1	2	3	4	0,63	2	3	4	5	0,69	1	2	4	5	0,75	1	2	4	5	12.00

Suite au Tarif *de Cubage au cinquième réduit, à 2 décimales aux produits.*

Longueur des billes.	Circonférences en centimètres.																														Longueur des billes.
	130 0,260 104	131	132	133	134	135 1,270 108	136	137	138	139	140 1,280 112	141	142	143	144	145 0,290 116	146	147	148	149	150 1,300 120	151	152	153	154	155 1,310 124	156	157	158	159	
0.25	0,02	»	»	»	»	0,02	»	»	»	»	0,02	»	»	»	»	0,02	»	»	»	»	0,02	»	»	»	»	0,02	»	»	»	1	0.25
0.50	0,03	»	»	1	1	0,04	»	»	»	»	0,04	»	»	»	»	0,04	»	»	»	»	0,04	1	1	1	1	0,05	»	»	»	1	0.50
0.75	0,05	»	»	»	»	0,05	1	1	1	1	0,06	»	»	»	»	0,06	»	»	1	1	0,07	»	»	»	»	0,07	»	»	»	1	0.75
1.00	0,07	»	»	»	»	0,07	»	1	1	1	0,08	»	»	»	»	0,08	1	1	1	1	0,09	»	»	»	»	0,10	»	»	»	»	1.00
1.25	0,08	1	1	1	1	0,09	»	1	1	1	0,10	»	»	»	»	0,10	1	1	1	1	0,11	»	»	»	1	0,12	»	»	»	»	1.25
1.50	0,10	»	»	1	1	0,11	»	»	»	1	0,12	»	»	»	»	0,13	»	»	»	»	0,13	1	1	1	1	0,14	1	1	1	1	1.50
1.75	0,12	»	»	»	1	0,13	»	»	»	»	0,14	»	»	»	1	0,15	»	»	»	1	0,16	»	»	»	»	0,17	»	»	»	1	1.75
2.00	0,14	»	»	»	»	0,15	»	»	»	»	0,16	»	»	»	1	0,17	»	»	1	1	0,18	»	»	»	1	0,19	»	1	1	1	2.00
2.25	0,15	»	1	1	1	0,16	»	1	1	1	0,18	»	»	»	»	0,19	»	1	1	1	0,20	1	1	1	1	0,22	»	»	1	1	2.25
2.50	0,17	»	»	1	1	0,18	»	1	1	1	0,20	»	»	»	»	0,21	»	1	1	1	0,22	1	1	1	2	0,24	»	1	1	1	2.50
2.75	0,19	»	»	»	»	0,20	»	1	1	1	0,22	»	»	»	1	0,23	»	1	1	1	0,25	»	»	1	1	0,26	1	1	1	2	2.75
3.00	0,20	1	1	1	2	0,22	»	1	1	1	0,24	»	1	1	1	0,25	1	1	1	2	0,27	»	1	1	1	0,29	»	1	1	1	3.00
3.25	0,22	1	1	1	1	0,24	1	1	1	1	0,25	1	1	1	2	0,27	1	1	1	2	0,29	1	1	1	2	0,31	1	1	1	2	3.25
3.50	0,24	1	1	»	1	0,26	»	1	1	1	0,27	1	1	1	2	0,29	1	1	2	2	0,31	1	1	1	2	0,34	1	1	1	2	3.50
3.75	0,25	1	1	2	2	0,27	1	1	2	2	0,29	1	1	2	2	0,32	»	1	1	1	0,34	»	1	1	2	0,36	»	1	1	2	3.75
4.00	0,27	1	1	2	2	0,29	1	1	1	2	0,31	1	1	2	2	0,34	»	1	1	2	0,36	»	1	1	2	0,38	1	1	2	2	4.00
4.25	0,29	1	1	2	2	0,31	1	1	2	2	0,33	1	1	2	2	0,36	1	1	2	2	0,38	1	1	2	2	0,41	»	1	1	2	4.25
4.50	0,30	1	1	2	2	0,33	1	1	2	2	0,35	1	1	2	2	0,38	1	2	2	3	0,40	»	1	2	2	0,43	1	1	2	3	4.50
4.75	0,32	1	1	2	2	0,35	»	1	1	2	0,37	1	1	2	2	0,40	1	1	2	2	0,43	»	1	1	2	0,46	1	1	2	3	4.75
5.00	0,34	1	1	2	2	0,36	1	2	2	3	0,39	1	1	2	2	0,42	1	1	2	2	0,45	1	1	2	2	0,48	1	1	2	3	5.00
5.25	0,35	1	2	2	3	0,38	1	1	2	3	0,41	1	1	2	3	0,44	1	1	2	3	0,47	1	2	2	3	0,50	1	2	2	3	5.25
5.50	0,37	1	2	3	3	0,40	1	1	2	3	0,43	1	1	2	3	0,46	1	2	2	3	0,49	1	2	2	3	0,53	1	1	2	3	5.50
5.75	0,39	1	2	2	3	0,42	1	1	2	3	0,45	1	1	2	3	0,48	1	2	2	3	0,52	»	1	2	3	0,55	1	2	2	3	5.75
6.00	0,41	1	2	2	3	0,44	»	1	2	2	0,47	1	1	2	3	0,50	1	1	2	3	0,54	1	1	2	3	0,58	1	2	2	3	6.00
6.25	0,42	1	2	3	3	0,46	»	1	2	2	0,49	1	1	2	3	0,53	»	1	2	3	0,56	1	2	3	4	0,60	1	2	2	3	6.25
6.50	0,44	1	2	3	3	0,47	1	2	2	3	0,51	1	1	2	3	0,55	1	2	3	4	0,58	1	2	3	4	0,62	1	2	3	4	6.50
6.75	0,46	»	1	2	2	0,49	1	2	2	3	0,53	1	1	2	3	0,57	1	1	2	3	0,61	1	1	2	3	0,65	1	2	3	4	6.75
7.00	0,47	1	2	3	3	0,51	1	2	2	3	0,55	1	1	2	3	0,59	1	2	2	3	0,63	1	2	3	3	0,67	1	2	3	4	7.00
7.25	0,49	1	2	2	3	0,53	1	1	2	3	0,57	1	1	2	3	0,61	1	2	3	3	0,65	1	2	3	4	0,70	1	1	2	3	7.25
7.50	0,51	1	2	3	4	0,55	»	1	2	3	0,59	1	2	2	3	0,63	1	2	3	4	0,67	1	2	3	4	0,72	1	2	3	4	7.50
7.75	0,52	1	2	3	4	0,56	1	2	3	3	0,61	1	2	2	3	0,65	1	2	3	4	0,70	1	2	3	4	0,74	1	2	3	4	7.75
8.00	0,54	1	2	3	3	0,58	1	2	3	4	0,63	1	2	2	3	0,67	1	2	3	4	0,72	1	2	3	4	0,77	1	2	3	4	8.00
8.25	0,56	1	1	2	3	0,60	1	2	3	4	0,65	1	2	2	3	0,69	1	2	3	4	0,74	1	2	3	4	0,79	1	2	3	4	8.25
8.50	0,57	1	2	3	4	0,62	1	2	3	4	0,67	1	2	3	4	0,71	1	2	3	4	0,76	2	3	4	5	0,82	1	2	3	4	8.50
8.75	0,59	1	2	3	4	0,64	1	2	3	4	0,69	1	2	3	4	0,74	1	2	3	4	0,79	1	2	3	4	0,84	1	2	3	4	8.75
9.00	0,61	1	2	3	4	0,66	1	2	3	4	0,71	1	2	3	4	0,76	1	2	3	4	0,81	1	2	3	4	0,86	2	3	4	5	9.00
9.25	0,63	»	1	2	3	0,67	1	2	3	4	0,73	1	2	3	4	0,78	1	2	3	4	0,83	1	2	3	5	0,89	1	2	3	5	9.25
9.50	0,64	1	2	3	4	0,69	1	2	3	4	0,74	1	2	3	4	0,80	2	3	4	5	0,85	1	2	3	5	0,91	1	2	3	5	9.50
9.75	0,66	1	2	3	4	0,71	1	2	3	4	0,76	1	2	3	4	0,82	1	2	3	5	0,88	1	2	3	5	0,94	1	2	3	5	9.75
10.00	0,68	1	2	3	4	0,73	1	2	3	4	0,78	2	3	4	5	0,84	1	2	4	5	0,90	1	2	4	5	0,96	1	3	4	5	10.00
10.25	0,69	1	2	4	5	0,75	1	2	3	4	0,80	2	3	4	5	0,86	1	3	4	5	0,92	1	3	4	5	0,99	1	2	3	5	10.25
10.50	0,71	1	2	3	4	0,77	1	2	3	4	0,82	1	3	4	5	0,88	2	3	4	5	0,94	2	3	4	6	1,01	1	3	4	5	10.50
10.75	0,73	1	2	3	4	0,78	1	2	3	5	0,84	1	3	4	5	0,90	1	2	4	5	0,97	1	2	4	6	1,03	2	3	4	6	10.75
11.00	0,74	2	3	4	5	0,80	1	3	4	5	0,86	1	3	4	5	0,93	1	2	3	5	0,99	1	3	4	5	1,06	1	2	4	5	11.00
11.25	0,76	1	2	4	5	0,82	1	2	4	5	0,88	1	3	4	5	0,95	1	2	4	5	1,01	2	3	4	6	1,08	2	3	4	6	11.25
11.50	0,78	1	2	3	5	0,84	1	2	4	5	0,90	1	3	4	5	0,97	1	2	4	5	1,03	2	3	5	6	1,11	1	2	4	5	11.50
11.75	0,79	2	3	4	5	0,86	1	2	4	5	0,92	1	3	4	5	0,99	1	3	4	5	1,06	1	3	4	5	1,13	1	3	4	6	11.75
12.00	0,81	1	3	4	5	0,87	2	3	4	6	0,94	1	3	4	6	1,01	1	3	4	6	1,08	1	3	4	6	1,15	2	3	5	6	12.00

SUITE AU TARIF *de Cubage au cinquième réduit, à 2 décimales aux produits.*

Lon-gueur des bill^{es}	160 128	161	162	163	164	165 ,3 132	166	167	168	169	170 ,4 136	171	172	173	174	175 ,3 140	176	177	178	179	180 144	181	182	183	184	185 ,3 148	186	187	188	189	Lon-gueur des bill^{es}
								Circonférences en centimètres.																							
0.25	0,03	»	»	»	»	0,03	»	»	»	»	0,03	»	»	»	»	0,03	»	»	»	»	0,05	»	»	»	»	0,03	»	»	»	1	1	0.25
0.50	0,05	»	»	»	»	0,05	1	1	1	1	0,06	»	»	»	»	0,06	»	»	»	1	0,07	1	1	1	1	0,07	»	»	»	1	1	0.50
0.75	0,08	»	»	»	»	0,08	»	»	»	1	0,09	»	»	»	»	0,09	»	»	»	1	0,10	»	»	1	1	0,10	»	»	»	1	1	0.75
1.00	0,10	»	1	1	1	0,11	»	»	»	»	0,12	»	»	»	»	0,12	1	1	1	1	0,15	»	»	»	»	0,14	»	»	»	»	»	1.00
1.25	0,13	»	»	»	»	0,14	»	»	»	»	0,14	1	1	1	1	0,15	1	1	1	1	0,16	»	1	1	1	0,17	»	»	1	1	1	1.25
1.50	0,15	1	1	1	1	0,16	1	1	1	1	0,17	1	1	1	1	0,18	1	1	1	1	0,19	1	1	1	1	0,21	1	1	»	»	»	1.50
1.75	0,18	»	1	1	1	0,19	»	1	1	1	0,20	1	1	1	1	0,21	1	1	1	1	0,23	1	1	1	1	0,24	»	»	1	1	1	1.75
2.00	0,20	1	1	1	2	0,22	»	»	1	1	0,23	»	1	1	1	0,24	1	1	1	2	0,26	»	»	1	1	0,27	1	1	1	1	2	2.00
2.25	0,23	»	1	1	1	0,25	»	»	1	1	0,2	»	1	1	1	0,28	»	1	1	1	0,29	1	1	1	1	0,31	»	1	1	1	2	2.25
2.50	0,26	»	1	1	1	0,27	1	1	1	2	0,29	»	1	1	1	0,31	»	1	1	2	0,32	1	1	1	2	0,34	1	1	1	2	2.50
2.75	0,28	1	1	1	2	0,30	»	1	1	1	0,32	»	1	1	1	0,34	»	1	1	1	0,36	»	»	1	1	0,38	»	1	1	1	2.75
3.00	0,31	»	1	1	0,33	»	»	1	1	0,35	»	»	1	1	0,37	1	1	1	0,59	»	1	1	2	0,41	1	1	1	2	3.00
3.25	0,33	1	1	2	2	0,35	1	1	2	0,38	1	1	2	2	0,40	»	1	1	2	0,42	1	1	2	2	0,44	1	1	2	2	3.25
3.50	0,36	1	1	2	0,38	1	1	2	0,40	1	1	2	2	0,43	»	1	1	2	0,45	1	1	2	2	0,48	1	1	2	2	3.50
3.75	0,38	1	1	2	2	0,41	»	1	1	2	0,43	1	1	2	2	0,46	»	1	2	2	0,49	»	1	1	2	0,51	1	1	2	3	3.75
4.00	0,41	»	1	2	2	0,44	»	1	1	2	0,46	1	1	2	2	0,49	1	1	2	2	0,52	»	1	2	2	0,55	»	1	2	2	4.00
4.25	0,44	»	1	1	2	0,46	1	1	2	3	0,49	1	1	2	2	0,52	1	1	2	2	0,55	1	1	2	3	0,58	1	1	2	3	4.25
4.50	0,46	1	1	2	2	0,49	»	1	2	2	0,52	1	1	2	2	0,55	1	1	2	5	0,58	1	2	2	3	0,62	»	1	2	3	4.50
4.75	0,49	1	1	2	0,52	»	1	2	2	0,55	1	1	2	5	0,58	1	2	2	5	0,62	1	2	2	3	0,65	1	1	2	3	4.75
5.00	0,51	1	1	2	3	0,54	1	2	2	3	0,58	»	1	2	3	0,61	1	2	2	3	0,65	1	1	2	3	0,68	1	2	3	3	5.00
5.25	0,54	»	1	2	2	0,57	1	2	2	3	0,61	»	1	2	3	0,64	1	2	3	3	0,68	1	2	2	5	0,72	1	1	2	3	5.25
5.50	0,56	1	2	2	3	0,60	1	1	2	3	0,64	»	1	2	3	0,67	1	2	5	3	0,71	1	2	5	3	0,75	1	2	5	4	5.50
5.75	0,59	1	1	2	3	0,63	»	1	2	3	0,66	1	2	3	4	0,70	1	2	3	4	1,75	»	1	2	3	0,79	1	2	1	2	5.75
6.00	0,61	1	2	3	4	0,65	1	2	3	4	0,69	1	2	3	4	0,73	1	2	3	4	0,78	1	1	2	3	0,82	1	2	5	4	6.00
6.25	0,64	1	2	2	3	0,68	1	2	3	4	0,72	1	2	3	4	0,77	1	2	5	5	0,84	1	2	5	4	0,86	»	1	2	5	6.25
6.50	0,67	»	1	2	3	0,71	1	2	2	3	0,75	1	2	3	4	0,80	1	1	2	3	0,84	1	2	5	4	0,89	1	2	5	4	6.50
6.75	0,69	1	2	3	4	0,74	»	1	2	5	0,78	1	2	3	4	0,83	1	2	3	5	0,87	1	2	5	4	0,92	1	2	5	4	6.75
7.00	0,72	1	1	2	3	0,76	1	2	3	4	0,81	1	2	3	4	0,86	1	2	5	4	0,91	1	2	3	4	0,96	1	2	3	4	7.00
7.25	0,74	1	2	3	4	0,79	1	2	3	4	0,84	1	2	3	4	0,89	1	2	3	4	0,94	1	2	3	4	0,99	1	2	3	5	7.25
7.50	0,77	1	2	3	4	0,82	1	2	3	5	0,87	1	2	3	4	0,92	1	2	3	5	0,97	1	2	5	5	1,03	1	2	5	4	7.50
7.75	0,79	1	2	3	4	0,84	1	2	3	5	0,90	1	2	3	4	0,95	1	2	3	4	1,00	2	3	4	5	1,06	1	2	4	5	7.75
8.00	0,82	1	2	3	4	0,87	1	2	3	4	0,92	2	3	4	5	0,98	1	2	3	5	1,04	1	2	3	4	1,10	1	2	3	4	8.00
8.25	0,84	2	3	4	5	0,90	1	2	3	4	0,95	1	3	4	5	1,01	1	2	4	5	1,07	1	2	4	5	1,13	1	2	4	5	8.25
8.50	0,87	1	2	3	4	0,92	1	2	3	4	0,98	1	3	4	5	1,04	1	3	4	5	1,10	1	2	4	5	1,16	2	5	4	5	8.50
8.75	0,90	1	2	3	4	0,93	1	3	4	5	1,01	1	3	4	5	1,07	1	3	4	5	1,13	2	3	4	5	1,20	1	2	4	5	8.75
9.00	0,92	1	2	4	5	0,98	1	2	4	5	1,04	1	2	4	5	1,10	2	5	4	5	1,17	2	4	5	1,23	2	5	4	6	9.00
9.25	0,95	1	2	3	5	1,01	1	2	3	5	1,07	1	2	4	5	1,13	2	5	4	6	1,20	1	5	4	5	1,27	1	2	4	5	9.25
9.50	0,97	1	3	4	5	1,03	2	3	4	6	1,10	1	2	4	5	1,16	2	3	4	6	1,23	1	3	6	1,30	1	3	4	6	9.50
9.75	1,00	1	2	4	5	1,06	1	3	4	5	1,13	1	2	4	5	1,19	2	3	5	6	1,26	2	3	5	6	1,33	2	3	5	6	9.75
10.00	1,02	2	3	4	6	1,09	1	3	4	5	1,16	2	4	5	1,22	2	5	5	6	1,30	1	2	4	5	1,37	1	3	4	6	10.00
10.25	1,05	1	3	4	5	1,12	1	2	3	5	1,18	2	4	5	1,26	1	3	4	6	1,33	1	3	4	6	1,40	2	3	5	6	10.25
10.50	1,08	1	2	4	5	1,14	2	3	5	6	1,21	2	3	5	6	1,29	1	3	4	6	1,36	2	3	5	6	1,44	1	3	6	10.50
10.75	1,10	1	3	4	6	1,17	1	3	4	6	1,24	2	3	5	6	1,32	1	3	4	6	1,39	2	3	5	7	1,47	2	3	5	7	10.75
11.00	1,13	1	2	4	5	1,20	1	3	4	6	1,27	2	3	5	6	1,35	1	3	4	6	1,43	1	3	4	6	1,51	1	5	5	6	11 00
11.25	1,15	2	3	5	6	1,22	1	2	4	6	1,30	2	3	5	6	1,38	1	3	5	6	1,46	1	5	5	6	1,54	2	3	5	7	11 25
11.50	1,18	1	3	4	6	1,25	2	3	5	6	1,33	2	3	5	6	1,41	1	3	5	7	1,49	2	3	5	7	1,57	2	4	6	7	11 50
11.75	1,20	2	3	5	6	1,28	2	3	5	6	1,36	1	3	5	6	1,44	2	5	5	7	1,52	2	4	5	7	1,61	2	3	3	7	11 75
12.00	1,23	1	3	5	6	1,31	1	3	4	6	1,39	1	3	5	6	1,47	2	5	5	7	1,50	1	3	5	7	1,64	2	4	6	7	12.00

SUITE AU TARIF *de Cubage au cinquième réduit, à* **2** *décimales aux produits.*

Longueur des billes	190 (152)	191	192	193	194	195 (156)	196	197	198	199	200 (160)	201	202	203	204	205 (164)	206	207	208	209	210 (168)	211	212	213	214	215 (172)	216	217	218	219	Longueur des billes
0.25	0,04	»	»	»	»	0,04	»	»	»	»	0,04	»	»	»	»	0,04	»	»	»	»	0,04	»	»	1	1	0,05	»	»	»	»	0.25
0.50	0,07	»	»	»	1	0,08	»	»	»	»	0,08	»	»	»	»	0,08	»	1	1	1	0,09	»	»	»	1	0,09	»	»	»	1	0.50
0.75	0,11	»	»	»	1	0,11	1	1	1	1	0,12	»	»	»	»	0,13	»	»	»	»	0,13	»	»	1	1	0,14	»	»	»	»	0.75
1.00	0,14	1	1	1	1	0,15	»	1	1	1	0,16	»	»	1	1	0,17	»	»	»	»	0,48	»	»	»	»	0,18	1	»	1	1	1.00
1.25	0,18	»	1	1	1	0,19	»	1	1	1	0,20	»	1	1	1	0,21	»	»	1	1	0,22	»	1	»	1	0,23	»	1	1	1	1.25
1.50	0,22	»	»	»	1	0,23	»	1	1	1	0,24	»	»	1	1	0,25	»	1	1	1	0,26	1	1	1	1	0,28	»	1	1	1	1.50
1.75	0,25	1	1	1	1	0,27	»	»	»	1	0,28	»	1	1	1	0,29	1	1	1	2	0,31	»	»	1	1	0,32	1	1	1	2	1.75
2.00	0,29	»	»	1	1	0,30	1	1	1	2	0,32	»	1	1	1	0,34	»	»	»	1	0,35	1	1	1	2	0,37	»	»	1	1	2.00
2.25	0,32	1	1	2	2	0,34	1	1	1	2	0,36	»	1	1	2	0,38	»	1	1	1	0,40	»	»	1	1	0,42	»	»	1	1	2.25
2.50	0,36	»	1	1	2	0,38	»	1	1	2	0,40	»	1	1	2	0,42	»	1	1	2	0,44	»	1	1	2	0,46	1	1	1	2	2.50
2.75	0,40	»	1	1	1	0,42	»	1	1	2	0,44	»	1	1	2	0,46	1	1	2	2	0,49	»	»	1	1	0,51	»	1	1	2	2.75
3.00	0,43	1	1	2	2	0,46	»	1	1	2	0,48	»	1	1	2	0,50	1	1	2	2	0,53	»	1	1	2	0,55	1	2	2	3	3.00
3.25	0,47	»	1	1	2	0,49	1	1	2	2	0,52	1	1	2	2	0,55	»	1	1	2	0,57	1	1	2	2	0,60	1	2	2	2	3.25
3.50	0,51	»	1	1	2	0,53	1	1	2	2	0,56	1	1	2	2	0,59	»	1	2	2	0,62	»	1	2	2	0,65	»	1	2	2	3.50
3.75	0,54	1	1	2	2	0,57	1	1	2	2	0,60	1	1	2	2	0,63	1	1	2	3	0,66	1	1	2	3	0,69	1	2	2	3	3.75
4.00	0,58	»	1	2	2	0,61	»	1	2	2	0,64	1	1	2	3	0,67	1	2	2	3	0,71	»	1	2	3	0,74	1	1	2	3	4.00
4.25	0,61	1	2	2	3	0,65	»	1	2	2	0,68	1	1	2	3	0,71	1	2	3	3	0,75	»	1	2	3	0,79	»	1	2	3	4.25
4.50	0,65	1	1	2	3	0,68	1	2	3	3	0,72	1	1	2	3	0,76	1	2	3	3	0,79	1	2	3	3	0,83	1	2	2	3	4.50
4.75	0,69	»	1	2	2	0,72	1	2	2	3	0,76	1	2	2	3	0,80	1	2	2	3	0,84	1	1	2	3	0,88	1	1	2	3	4.75
5.00	0,72	1	2	2	3	0,76	1	2	2	3	0,80	1	2	2	3	0,84	1	2	2	3	0,88	1	2	3	4	0,92	1	2	3	4	5.00
5.25	0,76	1	1	2	3	0,80	1	1	2	3	0,84	1	2	3	3	0,88	1	2	3	3	0,93	»	1	2	3	0,97	1	2	3	4	5.25
5.50	0,79	1	2	3	4	0,84	1	1	2	3	0,88	1	2	3	4	0,92	1	2	3	4	0,97	1	2	3	4	1,02	1	2	3	5	5.50
5.75	0,83	1	2	3	4	0,87	1	2	3	4	0,92	1	2	3	4	0,97	1	2	3	4	1,01	1	2	3	4	1,06	1	2	3	4	5.75
6.00	0,87	1	2	3	4	0,94	1	2	3	4	0,96	1	2	3	4	1'01	2	3	3	4	1,06	1	2	3	4	1,11	1	2	3	4	6.00
6.25	0,90	1	2	3	4	0,95	1	2	3	4	1,00	1	2	3	4	1,05	1	2	3	4	1,10	1	2	3	4	1,16	1	2	3	4	6.25
6.50	0,94	1	2	3	5	0,99	1	2	3	4	1,04	1	2	3	4	1,09	1	2	3	5	1,15	1	2	3	5	1,20	1	2	3	5	6.50
6.75	0,97	1	3	4	5	1,03	1	2	3	4	1,08	1	2	3	4	1,13	2	3	4	5	1,19	1	2	4	5	1,25	1	2	3	4	6.75
7.00	1,01	1	2	3	4	1,06	2	3	4	5	1,12	1	2	3	5	1,18	1	2	3	4	1,23	2	3	4	5	1,29	2	3	4	5	7.00
7.25	1,05	1	2	3	4	1,10	1	3	4	5	1,16	1	2	3	5	1,22	1	2	3	5	1,28	1	2	4	5	1,34	1	3	4	5	7.25
7.50	1,08	1	3	4	5	1,14	1	2	4	5	1,20	1	2	4	5	1,26	1	2	4	5	1,32	1	3	4	5	1,39	2	3	4	6	7.50
7.75	1,12	1	2	3	5	1,18	1	2	4	5	1,24	1	2	4	5	1,30	2	3	4	5	1,37	1	2	4	5	1,43	2	3	4	6	7.75
8.00	1,16	1	2	3	4	1,22	1	2	3	5	1,28	1	3	4	5	1,34	2	3	4	6	1,41	1	3	4	6	1,48	1	3	4	5	8.00
8.25	1,19	1	3	4	5	1,25	2	3	4	6	1,32	1	3	4	5	1,39	2	3	4	6	1,46	1	2	4	5	1,52	2	3	5	6	8.25
8.50	1,23	1	2	4	5	1,29	2	3	4	6	1,36	1	3	4	6	1,43	1	3	4	6	1,50	1	3	4	6	1,57	2	3	4	6	8.50
8.75	1,26	2	3	4	6	1,33	1	3	4	6	1,40	1	3	4	6	1,47	2	3	4	6	1,54	2	3	5	6	1,62	1	3	4	6	8.75
9.00	1,30	1	3	4	5	1,37	1	3	4	6	1,44	1	3	4	6	1,51	2	3	5	6	1,59	1	3	4	6	1,66	2	4	5	7	9.00
9.25	1,34	1	2	4	5	1,41	1	3	4	6	1,48	1	3	4	6	1,55	2	3	4	7	1,63	2	3	5	6	1,71	2	3	5	6	9.25
9.50	1,37	2	3	5	6	1,44	2	3	5	6	1,52	2	3	5	6	1,60	1	3	5	6	1,68	1	3	5	6	1,76	1	3	4	6	9.50
9.75	1,41	1	3	4	6	1,48	2	3	5	6	1,56	2	3	5	6	1,64	2	3	5	6	1,72	2	3	5	7	1,80	2	4	5	7	9.75
10.00	1,44	2	3	5	7	1,52	2	3	5	6	1,60	2	3	5	6	1,68	2	3	5	7	1,76	2	4	6	7	1,85	2	3	5	7	10.00
10.25	1,48	2	3	5	6	1,56	1	3	5	6	1,64	2	3	5	7	1,72	2	4	5	7	1,81	1	3	5	7	1,89	2	4	6	8	10.25
10.50	1,52	1	3	4	6	1,60	1	3	5	6	1,68	2	3	5	7	1,76	2	4	6	8	1,85	1	3	5	7	1,94	2	4	5	7	10.50
10.75	1,55	2	4	5	7	1,63	2	4	6	7	1,72	2	3	5	7	1,81	2	3	5	7	1,90	1	3	5	7	1,99	2	4	5	7	10.75
11.00	1,59	2	3	5	7	1,67	2	4	5	7	1,76	2	4	5	7	1,85	2	4	5	7	1,94	2	4	6	8	2,03	2	4	6	8	11.00
11.25	1,62	2	4	6	7	1,71	2	4	5	7	1,80	2	4	5	7	1,89	2	4	6	8	1,98	2	4	6	8	2,08	2	4	6	8	11.25
11.50	1,66	2	4	5	7	1,75	2	4	5	7	1,84	2	4	6	7	1,93	2	4	6	8	2,03	2	4	6	8	2,13	2	4	5	8	11.50
11.75	1,70	1	3	5	7	1,79	2	3	5	7	1,88	2	4	6	8	1,97	3	4	6	8	2,07	2	4	6	8	2,17	2	4	6	8	11.75
12.00	1,75	2	4	6	8	1,85	1	3	5	7	1,92	2	4	6	8	2,02	2	4	6	8	2,12	2	4	6	8	2,22	2	4	6	8	12.00

Suite au Tarif *de Cubage au cinquième réduit, à* 2 *décimales aux produits.*

Circonférences en centimètres.

Longueur des billes	220 0,44 176	221	222	223	224	225 ,45 180	226	227	228	229	230 0,46 184	231	232	233	234	235 ,47 188	236	237	238	239	240 0,48 192	241	242	243	244	245 ,59 196	246	247	248	249	Longueur des billes
0.25	0,05	»	»	»	»	0,05	»	»	»	»	0,05	»	»	»	»	0,06	»	»	»	»	0,06	»	»	»	»	0,06	»	»	»	»	0.25
0.50	0,10	»	»	»	»	0,10	»	»	»	»	0,11	»	»	»	»	0,11	»	»	»	»	0,12	»	»	»	»	0,12	»	»	»	»	0.50
0.75	0,13	»	»	»	»	0,15	»	»	»	1	0,16	»	»	»	»	0,17	»	»	»	»	0,17	»	»	1	1	0,18	»	»	»	1	0.75
1.00	0,19	1	1	1	1	0,20	»	1	1	1	0,21	»	1	1	1	0,22	»	»	1	1	0,23	»	»	1	1	0,24	»	»	1	1	1.00
1.25	0,24	1	1	1	1	0,25	1	1	1	1	0,26	1	1	1	1	0,28	»	»	»	1	0,29	»	»	1	1	0,30	»	»	1	1	1.25
1.50	0,29	»	1	1	1	0,30	»	1	1	1	0,32	1	1	1	1	0,33	»	1	1	1	0,35	»	1	1	1	0,36	»	1	1	1	1.50
1.75	0,34	»	1	1	1	0,35	1	1	1	1	0,37	1	1	1	2	0,39	»	1	1	1	0,40	1	1	1	2	0,42	»	1	1	1	1.75
2.00	0,39	»	0	1	1	0,40	1	1	2	2	0,42	1	1	1	2	0,44	1	1	1	2	0,46	»	1	1	2	0,48	»	1	1	2	2.00
2.25	0,44	»	0	1	1	0,46	»	1	1	1	0,48	1	1	1	2	0,50	»	1	1	1	0,52	1	1	1	2	0,54	»	1	1	2	2.25
2.50	0,48	1	1	2	2	0,51	»	1	1	1	0,53	»	1	1	2	0,55	1	1	2	2	0,58	»	1	1	2	0,60	»	1	1	2	2.50
2.75	0,53	1	1	2	2	0,56	»	1	1	2	0,58	1	1	2	2	0,61	»	1	1	2	0,63	1	1	2	3	0,66	»	1	2	2	2.75
3.00	0,58	1	1	2	2	0,61	»	1	1	2	0,64	»	1	1	2	0,66	1	1	2	3	0,69	1	1	2	3	0,72	1	1	2	2	3.00
3.25	0,63	»	1	2	2	0,66	»	1	2	2	0,69	»	1	2	2	0,72	»	1	2	2	0,75	1	1	2	3	0,78	1	1	2	3	3.25
3.50	0,68	»	1	2	2	0,71	1	1	2	2	0,74	1	1	2	3	0,77	1	2	2	3	0,81	»	1	2	2	0,84	1	1	2	3	3.50
3.75	0,73	»	1	2	2	0,76	1	1	2	3	0,79	1	2	2	3	0,83	1	1	2	3	0,86	1	2	3	3	0,90	1	1	2	3	3.75
4.00	0,77	1	2	3	3	0,81	1	1	2	3	0,85	»	1	2	3	0,88	1	2	3	3	0,92	1	2	2	3	0,96	1	2	2	3	4.00
4.25	0,82	1	2	3	3	0,86	1	2	3	3	0,90	1	1	2	3	0,94	1	2	3	3	0,98	1	2	2	3	1,02	1	2	3	3	4.25
4.50	0,87	1	2	3	3	0,91	1	2	3	3	0,95	1	2	3	4	0,99	1	2	3	4	1,04	1	2	3	4	1,08	1	2	3	4	4.50
4.75	0,92	1	2	3	3	0,96	1	2	3	4	1,01	»	1	2	3	1,05	1	2	3	4	1,09	1	2	3	4	1,14	1	2	3	4	4.75
5.00	0,97	1	2	2	3	1,01	1	2	3	4	1,06	1	2	3	4	1,10	1	2	3	4	1,15	1	2	3	4	1,20	1	2	3	4	5.00
5.25	1,02	1	2	2	3	1,06	1	2	3	4	1,11	1	2	3	4	1,16	1	2	3	4	1,21	1	2	3	4	1,26	1	2	3	4	5.25
5.50	1,06	1	2	3	4	1,11	1	2	3	4	1,17	»	1	2	3	1,21	2	3	4	5	1,27	1	2	3	4	1,32	1	2	3	4	5.50
5.75	1,11	1	2	3	4	1,16	2	3	4	5	1,22	1	2	3	4	1,27	1	2	3	4	1,32	2	3	4	5	1,38	1	2	3	5	5.75
6.00	1,16	1	2	3	4	1,21	2	3	4	5	1,27	1	2	3	4	1,32	2	3	4	5	1,38	1	3	4	5	1,44	1	2	4	5	6.00
6.25	1,21	1	2	3	4	1,26	2	3	4	5	1,32	1	2	4	5	1,38	2	3	4	5	1,44	1	2	4	5	1,50	1	2	4	5	6.25
6.50	1,26	1	2	3	4	1,32	2	3	4	5	1,38	1	2	3	4	1,44	1	2	3	4	1,50	1	2	4	5	1,56	1	3	4	5	6.50
6.75	1,31	1	2	3	4	1,37	1	2	3	5	1,43	1	2	4	5	1,49	1	3	4	5	1,56	1	2	3	5	1,62	1	3	4	5	6.75
7.00	1,36	1	2	3	4	1,42	1	2	4	5	1,48	1	3	4	5	1,55	1	2	4	5	1,61	2	3	4	6	1,68	1	3	4	6	7.00
7.25	1,40	2	3	4	5	1,47	1	2	4	5	1,54	1	2	3	5	1,60	2	3	4	6	1,67	1	3	4	6	1,74	1	3	4	6	7.25
7.50	1,45	2	3	4	5	1,52	1	3	4	5	1,59	1	2	4	5	1,66	1	2	4	5	1,73	1	2	4	6	1,80	1	3	4	6	7.50
7.75	1,50	1	3	4	5	1,57	1	3	4	6	1,64	1	3	4	6	1,71	2	3	5	6	1,79	1	2	4	6	1,86	1	3	5	6	7.75
8.00	1,55	1	3	4	5	1,62	2	3	5	6	1,70	1	2	4	5	1,77	1	3	4	6	1,84	2	3	5	7	1,92	2	3	5	6	8.00
8.25	1,60	1	3	4	5	1,67	2	3	5	6	1,75	1	3	4	6	1,82	2	3	5	6	1,90	2	3	5	7	1,98	2	3	5	7	8.25
8.50	1,65	1	3	4	6	1,72	2	3	5	6	1,80	1	3	5	6	1,88	1	3	5	6	1,96	2	3	5	6	2,04	2	3	5	7	8.50
8.75	1,69	2	4	5	7	1,77	2	3	5	7	1,85	2	3	5	7	1,93	2	4	5	7	2,02	1	3	5	6	2,10	2	3	5	7	8.75
9.00	1,74	2	3	5	7	1,82	2	4	5	7	1,91	1	3	4	6	1,99	2	3	5	7	2,07	2	4	6	7	2,16	2	4	5	7	9.00
9.25	1,79	2	3	5	7	1,87	2	4	5	7	1,96	1	3	4	6	2,04	2	3	5	7	2,13	2	4	5	7	2,22	2	4	6	7	9.25
9.50	1,84	2	3	5	7	1,92	2	4	6	7	2,01	2	3	5	7	2,10	2	3	5	7	2,19	2	3	5	7	2,28	2	4	6	8	9.50
9.75	1,89	2	3	5	7	1,97	2	4	6	8	2,07	1	3	5	7	2,15	2	4	6	8	2,25	2	3	5	7	2,34	2	4	6	8	9.75
10.00	1,94	1	3	5	7	2,02	2	4	6	8	2,12	1	3	5	7	2,21	2	4	6	7	2,30	2	4	6	8	2,40	2	4	6	8	10.00
10.25	1,98	2	4	6	8	2,07	3	4	6	8	2,17	2	4	5	7	2,26	2	4	6	8	2,36	2	4	6	8	2,46	2	4	6	8	10.25
10.50	2,03	2	4	6	8	2,13	2	4	5	7	2,23	1	3	5	7	2,32	2	4	6	8	2,42	2	4	6	8	2,52	2	4	6	8	10.50
10.75	2,08	2	4	6	8	2,18	2	4	6	8	2,28	1	3	5	7	2,37	3	4	7	9	2,48	2	4	6	8	2,58	2	4	6	9	10.75
11.00	2,13	2	4	6	8	2,23	2	4	6	8	2,33	2	4	6	8	2,43	2	4	6	8	2,53	3	5	7	9	2,64	2	4	7	9	11.00
11.25	2,18	2	4	6	8	2,28	2	4	6	8	2,38	2	4	6	8	2,48	3	5	7	9	2,59	2	4	7	9	2,70	2	4	7	9	11.25
11.50	2,23	2	4	6	8	2,33	2	4	6	8	2,44	1	3	6	8	2,54	2	4	7	9	2,65	2	4	7	9	2,76	2	5	7	9	11.50
11.75	2,27	3	5	7	9	2,38	2	4	6	9	2,49	2	4	6	8	2,59	3	5	7	9	2,71	2	4	7	9	2,82	2	5	7	9	11.75
12.00	2,32	2	5	7	9	2,43	2	4	7	9	2,54	2	4	7	9	2,65	2	5	7	9	2,76	3	5	7	10	2,88	2	5	7	10	12.00

Suite au Tarif *de Cubage au cinquième réduit, à 2 décimales aux produits.*

Lon- gueur des billes	250 (.50) 200	251	252	253	254	255 (.5) 204	256	257	258	259	260 (.5) 208	261	262	263	264	265 (.5) 212	266	267	268	269	270 (.5) 216	271	272	273	274	275 (.5) 220	276	277	278	279	Lon- gueur des billes
0.25	0,06	»	»	»	»	0,06	1	1	1	1	0,07	»	»	»	»	0,07	»	»	»	»	0,07	»	»	»	1	0,08	»	»	»	»	0.25
0.50	0,12	1	1	1	1	0,13	»	»	»	»	0,14	»	»	»	»	0,14	»	»	»	»	0,15	»	»	»	1	0,15	»	»	»	»	0.50
0.75	0,19	»	»	»	»	0,19	1	1	1	1	0,20	»	1	1	1	0,21	»	»	»	1	0,22	»	»	»	1	0,23	»	»	»	»	0.75
1.00	0,25	»	»	1	1	0,26	»	»	»	1	0,27	»	»	1	1	0,28	»	1	1	1	0,29	»	1	1	1	0,30	»	1	1	1	1.00
1.25	0,31	»	»	1	1	0,32	1	1	1	1	0,34	»	»	1	2	0,35	»	1	1	1	0,36	1	1	1	1	0,38	»	1	1	1	1.25
1.50	0,37	1	1	1	2	0,39	1	1	1	2	0,41	»	»	1	1	0,42	»	1	1	1	0,44	»	1	1	2	0,45	1	1	1	2	1.50
1.75	0,44	»	»	1	1	0,45	1	1	1	2	0,47	1	1	1	2	0,49	1	1	1	2	0,51	1	1	1	2	0,53	1	1	1	1	1.75
2.00	0,50	»	»	1	2	0,52	»	1	1	2	0,54	»	1	1	2	0,56	1	1	1	2	0,58	1	1	1	2	0,60	1	1	2	2	2.00
2.25	0,56	1	1	2	2	0,58	1	1	1	2	0,61	»	1	1	2	0,63	1	1	1	2	0,66	1	1	1	2	0,68	1	1	2	2	2.25
2.50	0,62	1	»	2	2	0,65	»	1	2	2	0,68	»	1	1	2	0,70	1	1	1	2	0,73	1	1	2	3	0,76	»	1	1	2	2.50
2.75	0,69	»	»	1	2	0,71	1	2	2	3	0,74	1	2	2	3	0,77	1	1	1	2	0,80	1	1	2	3	0,85	1	1	2	3	2.75
3.00	0,75	1	1	2	2	0,78	1	1	2	3	0,81	1	1	1	2	0,8.	1	2	2	3	0,87	1	2	2	3	0,91	»	1	2	2	3.00
3.25	0,81	1	2	2	3	0,8.	1	2	3	3	0,88	1	1	2	3	0,91	1	2	2	3	0,95	1	2	2	3	1,00	1	1	2	3	3.25
3.50	0,87	1	2	3	4	0,91	1	1	2	3	0,95	1	1	2	3	0,98	1	2	3	3	1,02	1	2	3	3	1,06	1	1	2	3	3.50
3.75	0,94	»	1	2	3	0,97	1	1	2	3	1,01	1	2	3	4	1,05	1	2	3	4	1,09	1	2	3	4	1,13	1	2	3	4	3.75
4.00	1,00	1	2		3	1,04	1	2		3	1,08	1	2		3	1,12	1	2	3	4	1,17	1	1		3	1,21	1	2	3	4	4.00
4.25	1,06	1	2		3	1,10	1	2		3	1,15	1	2		3	1,19	1	2	3		1,24	1	2		3	1,29	1	1	2		4.25
4.50	1,12	2	3		4	1,17	1	2		3	1,22	1	2		2	1,26	1	2	3		1,31	1	2		3	1,36	1	2	3	4	4.50
4.75	1,19	2	3		4	1,23	1	2		3	1,28	1	2		3	1,33	1	2	3		1,39	1	2		3	1,44	1	2	3	4	4.75
5.00	1,25	1	2	3	4	1,30	1	2		3	1,35	1	2		3	1,40	1	3		4	1,46	1	2	3		1,51	1	2	4	5	5.00
5.25	1,31	1	2	3	4	1,36	2	3		4	1,42	1	2		3	1,47	2	3		4	1,53	1	2	4		1,59	1	2	3	4	5.25
5.50	1,37	2	3		4	1,43	1	2		3	1,49	2	3		4	1,54	2	3		4	1,60	2	3	4		1,66	2	3	4	5	5.50
5.75	1,44	1	2	3	4	1,49	2	3		4	1,55	2	3		4	1,61	2	3		4	1,68	1	2	3		1,74	1	3	4	5	5.75
6.00	1,50	1	2	4	5	1,56	1	3		4	1,62	1	3		4	1,68	2	3		4	1,73	1	7	4		1,81	2	3	5	6	6.00
6.25	1,56	1	3	4	5	1,62	2	3		4	1,69	1	3		4	1,75	2	3		4	1,82	2	3	4		1,89	1	3	4	6	6.25
6.50	1,62	2	3	4	5	1,69	1	3		4	1,76	1	2		4	1,83	1	2		4	1,90	1	2	4		1,97	1	3	4	6	6.50
6.75	1,69	1	3	4	5	1,75	2	3	5		1,83	2			4	1,90	1	3		4	1,97	1	3	4		2,04	2	3	5	6	6.75
7.00	1,75	1	3	4	6	1,82	1	5		4	1,89	2	3		5	1,97	1	3		4	2,04	2	3	5		2,12	1	3	4	6	7.00
7.25	1,81	2	3	4	6	1,88	2	4		5	1,96	1	3		5	2,04	1	3		4	2,11	2	4	5		2,19	2	4	5	7	7.25
7.50	1,87	2	3	4	6	1,95	1	3		5	2,03	1	3		4	2,11	1	3		4	2,19	1	3	5		2,27	2	3	5	7	7.50
7.75	1,94	1		4	6	2,01	2	4		5	2,10	1	3		4	2,18	1	3	5		2,26	2	3	5		2,34	2	4	6	7	7.75
8.00	2,00	2	5		6	2,08	2	3		5	2,16	2	4		5	2,25	1	3	5		2,33	2	4	6		2,42	2	4	5	7	8.00
8.25	2,06	2			7	2,14	2	4		6	2,23	2	4		5	2,32	1	3	5		2,41	1	3	5		2,49	2	4	6	8	8.25
8.50	2,12	2	4		6	2,21	2	4		6	2,30	2	3		5	2,39	2	3	5		2,48	2	4	5		2,57	2	4	6	8	8.50
8.75	2,19	1		5	6	2,27	2	4		6	2,37	1	3		5	2,46	2	4	5		2,55	2	4	6		2,65	2	4	6	8	8.75
9.00	2,25	2			7	2,34	2	4		6	2,43	2	4		6	2,35	2	4	5		2,62	2	4	6		2,72	2	4	6	8	9.00
9.25	2,31	2	4	6		2,40	2	4		6	2,50	2	4		6	2,60	2	4	6		2,70	2	4	6		2,80	2	4	6	8	9.25
9.50	2,37	2		6	8	2,47	2	4		6	2,57	2	4		6	2,67	2	4	6		2,77	2	4	6		2,87	3	5	7	9	9.50
9.75	2,44	2			8	2,53	2	5		7	2,64	2	4		6	2,74	2	4	6		2,84	2	5	7		2,95	2	4	6	9	9.75
10.00	2,50	2	4	6	8	2,60	2	4		6	2,70	2	5		7	2,81	2	4	6		2,92	2	4	6		3,02	2	5	7	9	10.00
10.25	2,56	2		6	8	2,66	2	5		7	2,77	2	4		6	2,88	2	4	6		2,99	2	4	7		3,10	2	5	7	9	10.25
10.50	2,62	3		7	9	2,75	2	4		7	2,84	2	4		6	2,95	2	4	7		3,06	2	5	7		3,18	2	4	7	9	10.50
10.75	2,69	2	4	6	8	2,79	3	5	7		2,91	2	4		6	3,02	2	5	7		3,13	3	5	8		3,25	3	5	7	10	10.75
11.00	2,75	2	4	7	9	2,86	2	5		7	2,97	3	5		7	3,09	2	5	7		3,21	2	5	7		3,33	2	5	7	10	11.00
11.25	2,81	2	5	7		2,92	3	5	7		3,04	2	5		7	3,16	2	5	7		3,28	3	5	7		3,40	3	5	8	10	11.25
11.50	2,87	3	5	7	10	2,99	3	5	8		3,11	2	5		7	3,23	2	5	7		3,35	3	5	8		3,48	3	5	8	10	11.50
11.75	2,94	2	4	7	9	3,05	3	5	8		3,18	2	5		7	3,50	3	5	7		3,43	2	5	7		3,55	3	6	8	11	11.75
12.00	3,00	2	5	7	10	3,12	2	5	7		3,24	3	6	8		3,37	3	5	8		3,50	3	5	8	10	3,65	3	5	8	11	12.00

SUITE AU TARIF *de Cubage au cinquième réduit, à* 2 *décimales aux produits.*

Longueur des billes	280 1,560 224	281	282	283	284	285 1,570 228	286	287	288	289	290 1,580 232	291	292	293	294	295 1,590 236	296	297	298	299	300 1,600 240	301	302	303	304	305 1,610 244	306	307	308	309	Longueur des billes
0.25	0,08	»	»	»	»	0,08	»	»	»	»	0,08	»	»	1	1	0,09	»	»	»	»	0,09	»	»	»	»	0,09	»	»	»	1	0.25
0.50	0,16	»	»	»	»	0,16	»	»	»	1	0,17	»	»	»	1	0,17	1	1	1	1	0,18	»	»	»	1	0,19	»	»	»	»	0.50
0.75	0,24	»	»	»	»	0,24	1	1	1	1	0,25	»	1	1	1	0,26	1	1	»	1	0,27	»	»	1	1	0,28	»	»	»	1	0.75
1.00	0,31	1	1	1	1	0,32	1	1	1	1	0,34	»	»	»	1	0,35	»	»	1	1	0,36	»	»	1	1	0,37	»	1	1	1	1.00
1.25	0,39	1	1	1	1	0,41	»	»	»	1	0,42	»	1	1	1	0,44	»	»	»	1	0,45	»	1	1	1	0,47	»	»	»	»	1.25
1.50	0,47	1	1	1	1	0,49	1	1	1	1	0,50	1	1	1	2	0,52	1	1	1	1	0,54	»	1	1	1	0,56	»	1	1	1	1.50
1.75	0,55	1	1	1	1	0,57	1	1	1	1	0,59	1	1	1	1	0,61	»	1	1	1	0,63	»	1	1	1	0,65	1	1	1	2	1.75
2.00	0,63	»	1	1	2	0,65	»	1	1	2	0,67	1	1	1	2	0,70	»	1	1	2	0,72	1	1	1	2	0,74	1	1	2	2	2.00
2.25	0,71	»	»	1	2	0,73	1	1	1	2	0,76	»	1	1	2	0,78	1	1	1	2	0,81	1	1	1	2	0,84	1	1	2	2	2.25
2.50	0,78	1	1	2	3	0,81	1	1	1	2	0,84	1	1	1	2	0,87	1	1	1	2	0,90	1	1	1	2	0,93	1	1	2	2	2.50
2.75	0,86	1	1	2	3	0,89	1	2	1	2	0,93	»	1	1	2	0,96	»	1	2	2	0,99	1	1	2	3	1,02	1	2	2	3	2.75
3.00	0,94	1	1	2	3	0,97	1	2	3	1	1,01	1	1	2	3	1,04	1	2	3	1	1,08	1	1	2	3	1,12	»	1	2	3	3.00
3.25	1,02	1	1	2	3	1,06	1	2	3	1	1,09	1	2	3	1	1,13	1	2	2	3	1,17	1	2	2	3	1,24	1	2	3	3	3.25
3.50	1,10	1	1	2	3	1,14	1	1	2	3	1,18	1	1	2	3	1,22	1	2	3	1	1,26	1	1	3	3	1,30	1	2	3	4	3.50
3.75	1,18	»	1	2	3	1,22	1	2	2	3	1,26	1	2	3	4	1,31	»	1	2	3	1,35	1	2	3	3	1,40	»	1	2	3	3.75
4.00	1,25	1	2	3	4	1,30	1	2	3	4	1,35	»	1	2	3	1,39	1	2	3	4	1,44	1	2	3	4	1,49	1	2	3	4	4.00
4.25	1,33	1	2	3	4	1,38	1	2	3	4	1,43	1	2	3	4	1,48	1	2	3	4	1,53	1	2	3	4	1,58	1	2	3	4	4.25
4.50	1,41	1	2	3	4	1,46	1	2	3	4	1,51	1	2	4	5	1,57	1	2	3	4	1,62	1	2	3	4	1,67	2	3	4	5	4.50
4.75	1,49	1	2	3	4	1,54	1	2	4	5	1,60	1	2	3	4	1,65	1	3	4	5	1,71	1	3	4	5	1,77	1	2	3	4	4.75
5.00	1,57	1	2	3	4	1,62	2	3	4	5	1,68	1	3	4	5	1,74	1	2	4	5	1,80	1	2	4	5	1,86	1	3	4	5	5.00
5.25	1,66	»	1	2	3	1,71	1	2	5	5	1,77	1	2	3	4	1,83	1	2	3	5	1,89	1	3	4	5	1,95	2	3	4	5	5.25
5.50	1,72	2	3	4	5	1,79	1	3	4	5	1,85	1	3	4	5	1,94	2	3	4	6	1,98	1	3	4	6	2,03	1	2	4	5	5.50
5.75	1,80	2	3	4	5	1,87	1	2	4	5	1,93	2	3	4	6	2,00	2	3	4	6	2,07	1	3	4	6	2,14	1	3	4	6	5.75
6.00	1,88	1	3	4	6	1,95	1	3	4	5	2,02	1	3	4	6	2,09	1	3	4	5	2,16	1	3	4	6	2,23	2	3	5	6	6.00
6.25	1,96	1	3	4	6	2,03	1	3	4	6	2,10	2	3	5	6	2,18	1	3	4	6	2,25	1	3	4	6	2,33	1	3	5	6	6.25
6.50	2,04	1	3	4	6	2,11	2	3	5	6	2,19	1	3	4	6	2,26	2	3	5	6	2,34	2	3	5	6	2,42	1	3	5	6	6.50
6.75	2,12	1	3	4	6	2,19	2	3	5	6	2,27	2	3	5	6	2,35	2	3	5	6	2,43	2	3	5	6	2,51	2	3	5	7	6.75
7.00	2,20	1	3	4	6	2,27	2	4	5	7	2,35	2	4	5	7	2,44	1	3	5	6	2,52	2	3	5	7	2,60	2	4	6	7	7.00
7.25	2,27	2	3	5	7	2,35	2	4	6	7	2,44	2	3	5	7	2,52	2	4	5	7	2,61	2	4	5	7	2,70	2	3	5	7	7.25
7.50	2,35	2	3	5	7	2,44	1	3	5	6	2,52	2	4	6	7	2,61	2	4	5	7	2,70	2	3	5	7	2,79	2	4	5	7	7.50
7.75	2,43	2	3	5	7	2,52	2	5	5	7	2,61	2	3	5	7	2,70	2	3	5	7	2,79	2	4	6	8	2,88	2	4	6	8	7.75
8.00	2,51	2	3	5	7	2,60	2	4	5	7	2,69	2	4	6	8	2,78	2	4	6	8	2,88	2	4	6	8	2,98	2	4	6	8	8.00
8.25	2,59	2	3	5	7	2,68	2	4	6	8	2,78	1	3	5	7	2,87	2	4	6	8	2,97	2	4	6	8	3,07	2	4	6	8	8.25
8.50	2,67	1	3	5	7	2,76	2	4	6	8	2,86	2	4	6	8	2,96	2	4	6	8	3,06	2	4	6	9	3,16	2	4	7	9	8.50
8.75	2,74	2	4	6	8	2,84	2	4	6	8	2,94	2	4	6	9	3,05	2	4	6	6	3,15	2	4	6	8	3,26	2	4	6	8	8.75
9.00	2,82	2	4	6	8	2,92	2	4	7	9	3,03	2	4	6	8	3,13	2	5	7	9	3,24	2	4	6	9	3,35	2	4	7	9	9.00
9.25	2,90	2	4	6	8	3,00	3	5	7	7	3,11	2	4	7	9	3,22	2	4	6	9	3,33	2	4	7	9	3,44	2	5	7	9	9.25
9.50	2,98	2	4	6	8	3,09	2	4	6	9	3,20	2	4	6	8	3,31	2	4	6	9	3,42	2	5	7	7	3,53	3	5	7	10	9.50
9.75	3,06	2	4	6	9	3,17	2	4	6	9	3,28	2	5	7	9	3,39	3	5	7	7	3,51	2	5	7	10	3,63	2	5	7	9	9.75
10.00	3,14	2	4	6	9	3,25	3	5	7	10	3,36	3	5	7	10	3,48	2	5	7	10	3,60	2	5	7	10	3,72	3	5	7	10	10.00
10.25	3,21	3	5	7	10	3,33	2	5	7	7	3,45	2	5	7	9	3,57	2	5	7	9	3,69	2	5	7	10	3,81	3	5	8	10	10.25
10.50	3,29	3	5	7	10	3,41	3	5	8	10	3,53	3	5	8	10	3,66	2	4	7	9	3,78	3	5	8	10	3,91	2	5	8	10	10.50
10.75	3,37	2	5	7	10	3,49	3	5	8	10	3,62	2	5	7	10	3,74	3	5	8	10	3,87	3	5	8	10	4,00	3	5	8	11	10.75
11.00	3,45	2	5	7	10	3,57	3	5	8	10	3,70	3	5	8	10	3,83	3	5	8	10	3,96	3	5	8	11	4,09	3	6	8	11	11.00
11.25	3,53	2	5	7	10	3,65	3	6	8	11	3,78	3	6	8	11	3,92	3	6	8	11	4,05	3	5	8	11	4,19	2	5	8	11	11.25
11.50	3,61	2	5	7	10	3,74	2	5	8	10	3,87	3	6	8	11	4,00	3	6	9	9	4,14	3	6	8	11	4,28	3	6	8	11	11.50
11.75	3,68	3	6	8	11	3,82	2	5	8	10	3,95	3	6	8	11	4,09	3	6	9	9	4,23	3	6	8	11	4,37	3	6	9	12	11.75
12.00	3,76	3	6	8	11	3,90	3	5	8	11	4,04	2	5	8	11	4,18	3	5	8	11	4,32	3	6	9	12	4,47	2	5	8	11	12.00

Errata.

—

Page 4, 12ᵉ ligne, au lieu de : seront réputés contrefaits et poursuivis en vertu des lois, lisez, *et les contrefacteurs ou débitants de contrefaçons*, seront poursuivis en vertu des lois.

Page, 28 à la hauteur totale 17 m. 50 c., à la 1ʳᵉ colonne circonférence, au-dessous de 1° 55', lisez : 1,34 au lieu de 2,34.

Page 30, à la hauteur totale 19.50 au-dessous de 2° 50', colonne circonférence lisez : 2,08 au lieu de 1,08.

Page 32, à la hauteur de 15.50 au-dessous de 3° 40', colonne circonférence, lisez : 2,45 au lieu de 1,45.

Page 33, à la hauteur de 15.50 et au-dessous de 4° 05', colonne circonférence, lisez : 2,72 au lieu de 3,72.

Page 33, à la hauteur de 16.50 au-dessous de 4° 05', colonne circonférence, lisez : 2,79 au lieu de 3,79.

Page 36, à la hauteur de 14 m. au-dessous de 5° 45', colonne circonférence, lisez : 3,71 au lieu de 2,71.

Page 36, à la hauteur de 19.50 au-dessous de 5° 50', colonne circonférence, lisez : 4,28 au lieu de 1,28.

Page 40, on annonce une 3ᵉ colonne à partir de 0 m. 46 c., tandis qu'elle n'a été imprimée qu'à partir de 1 m.; les nombres de cette colonne sont à commencer au-dessous de 0 m. 46, ci — 37 — 38 — 38 — 39 — 40 — 41 — 42 — 42 — 43 — 44 — 45 — 46 — 46 — 47 — 48 — 49 — 50 — 50 — 51 — 52 — 53 — 54 — 54 — 55 — 56 — 57 — 58 — 58 — 59 — 60 — 61 — 62 — 62 — 63 — 64 — 65 — 66 — 66 — 67 — 68 — 69 — 70 — 70 — 71 — 72 — 73 — 74 — 74 — 75 — 76 — 77 — 78 — 78 — 79.

Page 46, à la hauteur de 12 m., au-dessous de 74, lisez 0.263, au lieu de 0.293.

Page 46, à la hauteur de 12 m., au-dessous de 78, lisez 0,292, au lieu de 0.262.

Page 47, à la hauteur de 4.75, au-dessous de 87, lisez 0.144, au lieu de 0.194.

BIBLIOTHÈQUE ROYALE

BIBLIOTHEQUE NATIONALE DE FRANCE

3 7531 03970549 7